AGEING AND LIFE EXTENSION OF OFFSHORE STRUCTURES

The Challenge of Managing Structural Integrity

离岸结构物的老化和寿命延长：
结构完整性管理的挑战

[挪威] Gerhard Ersdal, [英国] John V. Sharp, [英国] Alexander Stacey 　著

黄昊　杨伟才　甄理　陈康　译

U0217428

中国水利水电出版社
www.waterpub.com.cn
·北京·

版权登记号为：01－2019－6996

图书在版编目（CIP）数据

离岸结构物的老化和寿命延长 ： 结构完整性管理的挑战 /（挪）吉哈德•埃尔斯达尔等著 ；黄昊等译. --北京 ： 中国水利水电出版社，2019.12

书名原文：Ageing and Life Extension of Offshore Structures: The Challenge of Managing Structural Integrity

ISBN 978-7-5170-8319-1

Ⅰ. ①离… Ⅱ. ①吉… ②黄… Ⅲ. ①海上平台－工程结构－完整性－研究 Ⅳ. ①TE951

中国版本图书馆CIP数据核字（2019）第296071号

书　　名	离岸结构物的老化和寿命延长：结构完整性管理的挑战 LI'AN JIEGOUWU DE LAOHUA HE SHOUMING YANCHANG：JIEGOU WANZHENGXING GUANLI DE TIAOZHAN	
作　　者	〔挪威〕Gerhard Ersdal，〔英国〕John V. Sharp，〔英国〕Alexander Stacey	著
译　　者	黄昊　杨伟才　甄理　陈康　译	
出版发行	中国水利水电出版社 （北京市海淀区玉渊潭南路1号D座　100038） 网址：www. waterpub. com. cn E-mail：sales@waterpub. com. cn 电话：（010）68367658（营销中心）	
经　　售	北京科水图书销售中心（零售） 电话：（010）88383994、63202643、68545874 全国各地新华书店和相关出版物销售网点	
排　　版	中国水利水电出版社微机排版中心	
印　　刷	北京瑞斯通印务发展有限公司	
规　　格	184mm×260mm　16开本　10.25印张　249千字	
版　　次	2019年12月第1版　2019年12月第1次印刷	
印　　数	0001—1000册	
定　　价	**98.00元**	

凡购买我社图书，如有缺页、倒页、脱页的，本社营销中心负责调换

版权所有·侵权必究

译 者 言

　　《离岸结构物的老化和寿命延长：结构完整性管理的挑战》的三位作者一直致力于离岸结构物老化的检测、修复以及寿命延长等问题的研究，取得了卓有成效的进展。本书是他们多年成果的总结和对今后工作的思考，对于相关行业的管理人员、科研人员、生产单位工程技术人员都有很好的借鉴价值。该书主要包括以下几部分内容：结构物老化简介；离岸结构设计、评估和维护的历史和现行原则；老化因素；老化和寿命延长评估；老化结构的检查和缓解：总结与进一步思考。

　　为了方便不同读者参阅，在众多合作者的支持和研究生的帮助下，我们决定翻译并出版这本著作。考虑到中英文表达方式的不同，兼顾原著本意，我们在逐句翻译的基础上进行意译和修订。本书前言、第1章和第2章由黄昊翻译，杨伟才和陈康校对；第3章由陈康和杨伟才翻译，甄理和黄昊校对；第4章由陈康和黄昊翻译，甄理和杨伟才校对：第5章由杨伟才译，黄昊校对；第6章和附录由甄理译，陈康校对。全书由黄昊统稿，研究生孙林远、欧阳儒贤和王成林参与了翻译工作。

　　本书获得中国水利水电科学研究院基本科研业务费专项（项目号：SM0145B252019）和（项目号：SM0145B632017）的资助，也得到中国水利水电科学研究院材料所陈改新所长、郝巨涛总工程师的支持，在此一并表示感谢！

　　希望本书的出版能够对我国水利工程和海洋工程老化结构物的寿命延长有所帮助，但由于译者水平有限，对原著作者的思想理解不一定完全正确，难免存在疏漏和不妥之处，恳请读者提出宝贵的意见和建议。

黄昊

2020 年 1 月 10 日于北京

原 版 前 言

在过去的十年中，寿命延长一直是挪威和英国离岸工程行业的主要话题，本书的三位作者都参与其中。

本书介绍的是关于离岸结构物老化相关的基本问题，以及延长寿命所考虑的必要因素，目的是调查和了解这些结构物如何随着年限而变化，以及如何管理和减缓这些变化。

特别是在英国和挪威的水域，有超过 50％的离岸结构物当前正处于超期服役阶段并正在经历老化，然而关于结构物的文献主要是针对结构设计的，关于这些老化结构管理和评估的文献十分有限，本书旨在帮助弥补这一不足。

本书仅代表作者个人的观点，不应被解释为反映作者所代表组织的观点。此外，本书中的文字不应被视为推荐的做法，而应视为对寿命延长管理中涉及的重要问题的概述。

作者特别感谢 Narve Oma 和 John Wintle 仔细审阅手稿，提供了许多有价值的评论，并对本书的内容做出了重要贡献。此外，作者还要感谢 Magnus Gabriel Ersdal 和 Janne Njai 的数据统计，感谢 Wiley 公司乐于助人且耐心的工作人员。

吉哈德·埃尔斯达尔 Gerhard Ersdal

约翰 V. 夏普 John V. Sharp

亚历山大·史黛丝 Alexander Stacey

2018 年 4 月

于牛津郡哈威尔

定 义

下面给出的定义适用于本书（按照英文字母排序）。

意外极限状态（ALS，Accidental Limit State）：与承载力极限状态（ultimate limit state）所述相同的原因，对因暴露于异常和意外荷载条件下导致结构倒塌而进行复核。在异常或意外荷载组合下，对结构（可能）坍塌进行的一种极限状态复核。

老化（Ageing）：结构或构件的完整性（即安全性）随时间或使用而变化的过程。

空气间隙（Air Gap）：在给定重现期（通常 100 年）中，甲板下缘最低点与极端波浪波峰高度之间的正高差。

合理可行最低限度（As Low as Reasonably Practicable，ALARP）：一个安全关键系统规定和管理的常用术语（译者注）。

资产完整性管理（Asset Integrity Management，AIM）：是确保与完整性相关的人员、系统、流程和资源在资产整个生命周期内就位、使用并在需要时起作用的途径。

屏障（Barriers）：旨在识别可能导致破坏、损坏和意外发生的条件，预防事件发生或发展的实际后果，以从容、有限损害或损失的方式应对事件后果的一种措施。

舱底（Bilge）：船底壳板与船侧壳板相接处的船体外表区域。

设计使用寿命（Design Service Life）：结构用于预期目的、经历预期维护，但不含必要的老化大修的运行时间。

责任人（Duty Holder）：英国术语，指固定设备（包括固定产品和仓储设施）的运营商，以及移动设备的业主。

疲劳极限状态（Fatigue Limit State，FLS）：指对结构在循环荷载或疲劳裂纹扩展下的承载力。

固定式结构（Fixed Structure）：是将其上所有荷载传递至海床的基础结构。

水下构件检测（Flooded Member Detection，FMD）：一种采用射线照相或超声波方法通过穿透水体检测构件的技术。

FPSO（Floating Production，Storage，and Offloading Unit）：浮式采油、存储和卸货装置。

FSO（Floating Storage and Offloading Unit）：浮式存储和卸货装置。

FSU（Floating Storage Unit）：浮式存储装置。

疲劳利用指数（Fatigue Utilisation Index，FUI）：是实际运行时间与文件标明疲劳寿命的比值。

危害风险（Hazard）：可造成人员伤害、环境损害、财产损害或兼而有之的风险。

高强度钢（High Strength Steel，HSS）：在本书中定义为屈服强度超过 500MPa 的结构钢。

氢致开裂（Hydrogen Induced Cracking，HIC）：是金属（如钢）因氢的渗入和随之扩散生成氢化物而变脆和断裂的过程。

自升式升降平台（Jack - ups）：一种移动式离岸装置，带有浮式船体以运输、支腿以支撑船体于海床上。

寿命延长（Life Extension）：指结构超出其最初设计寿命的使用。

极限状态（Limit State）：是一种状态，超出该状态后结构不再满足其相应的设计要求。

变更管理（Management of Change，MoC）：是公认的流程，指对可能影响性能和风险的活动或流程进行重大更改。当一个行为或过程显著变化可影响其运行效果产生风险时需要采取的一种被认可的处置过程。

微生物诱发开裂（Microbiologically Induced Cracking，MIC）：是由于环境中细菌的代谢活动引发的一种降解形式。

NDE（Non - destructive Examination）：无损检查。

NDT（Non - destructive Testing）：无损检测。

分项安全系数（Partial Safety Factor）：对于材料，它计入了强度与其特性值不利偏差的影响和确定材料实际强度时所有不准确性的影响；对于荷载，它计入了实际荷载与其特性值可能偏差的影响和荷载不准确性的影响。

被动防火（Passive Fire Protection，PFP）：这些涂层用于可能受喷射火影响的关键区域。通常有几种不同的类型，包括水泥基型和环氧发泡型。

性能标准（Performance Standards）：对结构、系统、设备、人员或程序行为要求的表述，是相关平台寿命期危害管控的基础。

预应力钢筋束（Prestressing Tendons）：用于保持混凝土结构尤其是塔式结构完整性的高强度钢筋束。预应力钢筋束放置在钢套管中，通常在张拉后对钢套管进行灌浆。

主结构（Primary Structure）：指所有为结构提供基本强度和刚度的主要构件。

静力弹塑性分析（Push - over Analysis）：用于确定导管架结构抗倒塌极限承载力的一种非线性分析。

冗余（Redundancy）：一个结构在其一个或多个构件发生破坏后限制相关破坏后果，找到其他荷载传递路径的能力。

强度储备比（Reserve Strength Ratio，RSR）：设计荷载（通常为 100 年荷载）与倒塌/极限承载力的比值。

残余强度（Residual Strength）：离岸结构物在损害状态下的极限强度。

鲁棒性（Robustness）：该性能反映了结构耐损伤并承受与最初设计偏离状态的能力。

安全关键要素（Safety Critical Elements，SCE）和安全及环境关键要素（Safety and Environmental Critical Elements，SECE）：是那些旨在预防、控制、缓解或应对可能导致伤亡的重大事故事件的体系和构成（例如硬件、软件、规程等）。在 2015 年版英国安全案例条例中增加了环境关键要素（SECE）内容。

冲刷（Scour）：由波浪、海流和海冰在固定式结构周围海床产生的侵蚀。

次级结构（Secondary Structure）：当移除时不会显著改变总体结构的整体强度和刚

度的结构构件。

正常使用极限状态（Serviceability Limit State，SLS）：是一种对结构和结构构件中与正常使用（如各种变形和振动）相关的功能性检查。

S-N曲线（S-N Curve）：是施加的应力范围（S）与疲劳破坏循环次数（N）之间的关系（关于疲劳破坏，参见疲劳极限状态）。

浪溅区（Splash Zone）：靠近海平面的结构部分，间歇性沉没在海水中和暴露在空气中。

应力集中系数（Stress Concentration Factor，SCF）：连结名义应力与结构细部应力的系数。

结构完整性（Structural Integrity）：影响结构安全性的结构状态和条件状态。

结构完整性管理（Structural Integrity Management，SIM）：是一套说明与结构完整性相关的人员、系统、流程和资源如何到位和使用的方法，并将在结构整个寿命期需要提供可接受安全水平时发挥作用。

结构可靠性分析（Structural Reliability Analysis，SRA）：用于分析结构极限状态破坏的概率。

监督（Surveillance）：为确保结构完整性收集所需信息而开展的活动，例如状况和外观检查，检查各种载荷、记录和文件评审（如各类标准和规定）等。

水上装置（Topsides）：置于支撑结构（固定式或浮动式）上的各类结构和设备，用于提供平台的部分或全部功能。

承载力极限状态（Ultimate Limit State，ULS）：对于一个或多个构件发生断裂、破坏、失稳、过度非弹性变形等的结构进行的一种破坏性复核。

水密完整性（Watertight Integrity）：在给定水头压力下结构防止水透入的能力。

甲板波浪（Wave-in-deck）：冲击结构甲板的波浪，能显著增加作用于结构的波浪荷载。

目　　录

第1章 结构物老化简介

人造环境注定会消失，但作为生命期较短的人类看着我们的建筑，会深信他们将永远屹立不倒，以至于当一些建筑真的倒塌时，我们会感到惊讶和关心。

Levy，Salvadori（2002）

1.1 结构工程和老化结构

一个结构能延续多久？从历史上看，可以看到一些结构在使用之前就已经失效了❶。其他结构，例如历史遗迹，已经持续了几个世纪甚至几千年❷。结构的寿命将取决于其设计、施工和构造、所用材料、所进行的维护、所面临具有挑战性的环境、所经历的意外事件以及是否有可能修复和更换任何损坏或阻止老化的结构部件。18 世纪的金属结构仍然承载着它们的预期荷载。这些证据让人们相信，这种结构可能永远存在。然而，古代世界七大奇观中只有一个仍然存在，即吉萨大金字塔（建于大约公元前 2500 年）。

结构物的变化从建造的那一刻起就开始出现。结构物中的材料会退化（主要是腐蚀和疲劳），并累积损伤（如凹痕和屈曲）。结构物所处的环境将发生变化，这将影响劣化机制。结构的荷载将随着使用的变化而变化。结构的地基可能会发生地表层沉降和地层沉降，这会在结构中产生附加应力，并可能导致荷载变化。此外，技术发展可能导致与结构有关的材料、设备和控制系统以及这些系统的备件不可用（过时）。新设备与已在结构上就位的设备（例如浮式结构上的稳定控制器和压载）之间的兼容性可能会是困难的。最终，可能会面临一个问题，即转换为一个新的技术解决方案，并考虑到安全性和功能性的问题，或者继续使用旧的技术解决方案但带有局限性。所有这些都会降低结构的安全性。

对可能进一步使用的老化结构的评估必须以现有资料为基础。理想情况下，关于结构的原始设计和制造信息，其使用和多年来进行的检查是为了确定结构是否适合进一步使用。该评估需要基于对结构当前安全性的理解。然而对于较旧的结构，显示它们足够安全所需的必要信息可能会丢失或无法获得。缺乏信息、新知识和新要求可能会改变人们对结构安全的理解，并可能迫使人们认为该结构不安全，这种情况需要进一步减少。

然而，新的知识、方法和要求可能会提供能够更好理解现有结构的完整性（完好性）的信息，包括完整性（完好性）优于预期的可能性，以及足以在延长寿命阶段安全运行。

---

❶ 其中一个例子是 1970 年施工期间的克里达大桥（英国米尔福德港）倒塌，另一个是 1628 年下水时沉没的瓦萨船。

❷ 这方面的两个例子是土耳其的大篷车桥（公元前 850 年）、罗马的法布里西奥桥（公元前 62 年）和法国的加德渡槽桥（公元前 18 年）。

最后，随着时间的推移，自结构设计以来，技术知识的演变通常会导致社会对安全提出更严格的要求❶。这种改进理解将增加对结构安全运行的期望，包括采用较低标准的旧结构。

离岸结构物一直处于上述所有类型的变化中。它们在腐蚀、侵蚀、环境和功能负荷、事故等环境中运行，这些环境和事故会使结构恶化、退化、凹陷、损坏、开裂和变形。除了结构本身的变化外，其运行的荷载和腐蚀环境也会随着时间而变化。此外，这些方法的使用方式可能会发生变化，将改变荷载、环境以及可能的布局设置。此外，人们对结构的了解也会发生变化，例如，从结构的设计和检查中保留的信息类型。此外，用于分析结构的物理理论、数学模型和工程方法可能会发生变化，特别是随着新现象的发现。最后，对离岸结构的评估也受到社会变化和技术发展的影响。这可能会导致对离岸结构物的要求发生变化，同时考虑到老旧设备的陈旧过时、缺乏能力以及旧备件的可用性。

这些变化可分为四种不同类型：

（1）结构和系统本身的物理变化、其使用以及其所处的环境（条件、配置、负载和危险）。

（2）结构信息变更（从检查和监测中收集更多信息，但也可能因设计、制造、安装和使用而丢失信息）。

（3）知识和安全要求的变化，改变了人们对结构分析理论和方法的理解，以及结构应具备所需的安全性。

（4）可能导致原始结构中使用的设备和控制系统过时、备件不可用、现有和新设备及系统之间兼容困难的技术变化。

这些影响因素变化如图 1.1 所示，其中物理变化和技术变革直接影响结构的安全性和功能性，而结构信息的变更和对知识和安全要求的变更主要改变了人们如何理解结构的安全性和功能性。

此外，还应指出物理变化和结构信息变更适用于一个特定的结构，而技术变革、知识和安全要求的变更是社会和技术发展的结果，适用于所有结构。

这些问题与结构工程师密切相关；正如将在 1.2 节中所显示的那样，因为石油和天

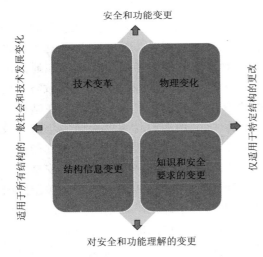

图 1.1　结构老化的四个主要元素

然气工业中早期离岸结构已经相当陈旧。20 世纪 90 年代以来的许多离岸建筑到现在都已超过了它们的预期寿命。然而，由于储层中仍有石油和天然气，因此许多此类结构仍需要

---

❶　例如，挪威 20 世纪 80 年代的交通死亡人数平均每年 400 人（占总人口的 0.01%）。社会发展导致了人们对死亡的接受程度降低。发展已使安全改进成为可能，2015 年的死亡人数达到历史最低值 125 人（占人口的 0.0025%）。目前，社会期望交通死亡人数进一步减少。

继续使用。此外，许多固定和浮动结构为越来越多的海底装置提供了一个重要的枢纽。继续使用这些旧结构有可能通过避免建造新结构来节省大量成本，并将环境损害降至最低。

在第 1.3 节中，将说明结构的失效统计数据，研究表明石油和天然气工业中的结构，特别是浮式结构的失效率很高。此外，与较新的结构相比，较旧的结构更容易失效。这并不奇怪，考虑到结构会降级和累积损坏，它们的使用可能以不利的方式变化，与结构相关的系统可能会老化，可以根据改进的方法和更严格的法规及标准来设计新的结构。

面对石油和天然气行业拥有相对较多的旧结构的挑战，同时知道旧结构比新结构故障更频繁，结构工程师需要做到以下几点：

（1）了解结构是如何随着使用年限的增长变化的（第 3 章）。

（2）制定评估这些结构的适当方法，使不适合进一步使用的结构退役，原因可能是它们不安全，也可能是缺少重要信息无法证明其安全（第 4 章）。

（3）在寿命延长阶段妥善管理这些旧结构（第 5 章）。

本书大体上是关于以上这些项目，但为了理解旧结构，了解早期设计和维护实践是很重要的，这些将影响我们对旧结构的理解。同样，了解当前要求也很重要，因为世界上许多地区的旧结构将按照与新结构相同的安全标准进行测量。此外，早期结构设计是基于当时的知识和经验。在此过程期间，知识和经验有了显著的改进，可应用于这些旧结构的管理。这个课题包含在第 2 章内容中。

1.2　全球离岸结构物的历史

多年来，有几种类型的离岸平台被用来生产石油和天然气。最早成功的固定平台之一是 1937 年净油（现雪佛龙）和苏必利尔石油（现为埃克森美孚）使用的木平台，在位于离岸 1mile 水深 4.3m 处（离岸，2004）。第一次浮动生产约来自同一时间，使用安装钻井平台的钢驳船。这些驳船用压舱物固定在船底进行钻探。当油井完工后，驳船可以重新浮起并拖到新的井场。固定式结构通常是在油井周围建造的，用于保护油井，并提供一个平台，以便维护和维护油井（离岸，2004）。然而，离岸技术的诞生（Clauss et al.，1992年）发生在 20 世纪 40 年代中期，当时在墨西哥湾（GoM）建造了两个钢平台。其中一个平台于 1946 年由木兰石油公司（现在的埃克森美孚公司）在距路易斯安那州海岸 18mile 的水域中建造，另一个平台于 1947 年由苏必利尔石油公司在距离路易斯安那州海岸 18mile 的 6.1m 水域中建造。

在英国和挪威地区，现今的北海石油和天然气生产始于 1965 年，当时英国石油公司的海宝石钻井平台在西部地区发现了天然气。经过不屈不挠的努力，1965 年，在西索尔气田和维京气田以及 1966 年的莱曼河岸、鲍尔德和休伊特气田有了进一步的发现。随后有了一系列重大发现，包括：

（1）1969 年，菲利普石油公司在挪威发现了埃科菲斯克油田，阿莫科石油公司在英国发现了蒙特罗斯油田。埃科菲斯克油田是挪威的主要产油区之一。

（2）1970 年，英国石油公司在阿伯丁以东 110 英里处发现了 40 多个油田，1975 年首次投产；这是英国产油量最大的油田之一，有五个固定钢平台。

（3）1971 年，壳牌在苏格兰东北部发现了布伦特油田。布伦特油田一直是英国石油和天然气领域的主要油田之一，现在一些平台正在考虑退役。

英国油气行业的发展形成了 300 多个平台，包括 20 个移动设备和 10 个混凝土平台。安装在英国水域的固定钢平台，如图 1.2 所示，其中许多平台现在已经超出了原来的设计寿命。

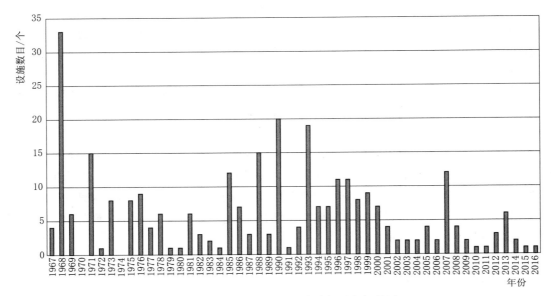

图 1.2　按年代划分的英国大陆架固定钢装置

挪威油气行业的发展形成了 100 多个平台，其中 15 个是混凝土平台。如英国部门所指出的，这些装置许多现在正处于寿命延长阶段，如图 1.3 所示。

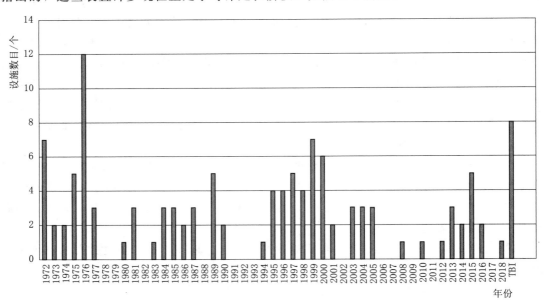

图 1.3　挪威大陆架现有设施的使用时间分布情况

在北海的其他地区，丹麦于 1972 年在丹菲尔德开始首次石油生产。在德国，1981 年在北海米塔尔板块油田发现了石油。

附录 A 中显示了最常用且与寿命延长评估相关的平台类型，分别为：

（1）固定平台：

1）钢质导管架结构（主要由桩支撑或吸力锚支撑）。

2）混凝土重力结构。

3）自升式升降平台。

（2）底部支撑平台：拉线塔、柔性塔和铰链塔。

（3）浮动平台：

1）半潜式平台（主要是钢平台，但也有混凝土平台）。

2）张力腿平台（主要是钢结构，但也有混凝土结构）。

3）船形平台和驳船形平台（大部分是钢质，但少数是混凝土）。

4）单桩平台。

最常用的平台类型是钢导管架结构。这些导管架已用于高达 400m 的水域（墨西哥湾的 Bullwinkle 导管架），但由于深水中导管架的重量非常大，通常在高达 200m 的水深中更常见（图 1.4）。在老化和寿命延长（ALE）方面，大多数钢导管架结构的水深小于 200m。

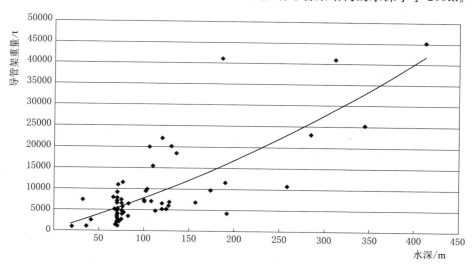

图 1.4　主要是北欧水域的导管架重量与水深，也包括墨西哥湾中一些
最知名的导管架（来自公开数据）

混凝土重力结构已成功地应用于 300m 水中。自 20 世纪 70 年代以来，已经安装了几个重力式结构。第一个于 1973 年安装在挪威水域的 Ekofisk 油田上，最高的于 1995 年安装在挪威水域的 Troll 油田上。许多最早的结构现在处于寿命延长阶段。

自升式升降平台是一种自升式装置，通常使用三条腿将船体提升到海面上方，并利用其浮力船体从一个位置浮到另一个位置。第一个自升式平台是在 20 世纪 50 年代中期部署的。自升式钻井在石油和天然气勘探方面发挥了重要作用，但在石油和天然气的生产中作用有限。目前，全球有 500 多个自升式装置在运行。这些自升式装置的支腿多采用高强度钢建造，这可能会带来特殊的老化问题，见 3.3.3.2 节。

半潜式海洋平台是应用最广泛的浮式平台。其通常用作移动式离岸钻井装置，有时也用作吊车船、离岸支援船和船队。大约 50 个半潜式平台被用于生产，并永久定位在一个位置。最早的是 1975 年英国北海的 Argyll 浮式生产装置（FPU）。

船形结构和驳船形结构包括浮式存储单元（FSU）、浮式存储和卸载单元（FSO）以及浮式生产、存储和卸载单元（FPSO）。船形结构的好处是能够在船体中储存石油。船舶已被用于石油运输多年，但在 20 世纪 70 年代初 FSO Ifrika 是第一个永久用于生产的船舶（Paik 和 Tayambali，2007 年）。许多船型结构现在正在老化，就像许多船只一样，它们经历了各种退化机制，见 1.3.5 节。

目前，离岸油气生产的主要区域有：

（1）北海；

（2）墨西哥湾；

（3）加利福尼亚（文图拉盆地—圣巴巴拉海峡和洛杉矶盆地）；

（4）纽芬兰和新斯科舍省；

（5）南美洲［巴西（坎波斯和桑托斯盆地）和委内瑞拉］；

（6）西非（尼日利亚和安哥拉）；

（7）里海（阿塞拜疆）；

（8）俄罗斯（萨哈林）；

（9）波斯湾；

（10）印度（例如 Mumbai High）；

（11）东南亚；

（12）西澳大利亚。

这些离岸石油和天然气生产地区的历史已超过 50 年，许多结构的使用超出了它们最初的设计寿命，通常为 20 年到 30 年不等。随着部分油田可开采石油可能的延续增加了人们对这些设施继续使用的兴趣，这些设施远远超出了其原始设计寿命。如前所述，延长平台寿命的另一个原因是为日益增加的海底生产的"卫星城"使用提供一个枢纽。

在许多情况下，即使必须进行相当大的修改、翻新、维修和检查以延长使用寿命，使用超出其原始设计寿命的现有设施在经济上更可取，但这样做的一个主要问题是，不应降低安全要求。

在北海，大约三分之二的基础设施被认为是"老化"的，处于寿命延长阶段。预计老化结构的比例将进一步增加，并且计划将其中一些平台的使用寿命延长 20 年。这一趋势也反映在许多其他地区，特别是在墨西哥湾、西非、中东等地，因此，对寿命延长的管理是完整性管理过程的一个基本要素。

1.3　离岸结构物的失效统计

无论谁想预见未来，都必须参考过去，因为人类的事件与前几个时代的事件是相似的。

Machiavelli

那些不能从历史中学习的人注定要重蹈覆辙。

Winston Churchill

我们花了很多时间研究历史，让我们直面历史，这主要是历史的教训。

Stephen Hawking

1.3.1 导言

离岸结构的确会发生故障。Sea Gem 是结构失效的具体实例，它是在 1965 年（Adams，1967）因悬架疲劳和脆性失效而倒塌的；Alexander L. Kielland 于 1980 年翻船（Moan et al.，1981），由于疲劳失效导致 123 人死亡。从这些失败中吸取的教训对避免再次发生同样的失败是有益的。

对于老化结构，评估失效率如何随年龄变化也是十分令人关注的问题。这类数据一般不容易获得，但本节给出了一些离岸固定钢结构的数据。

1.3.2 离岸结构物的破坏统计

国际石油天然气生产商协会（IOGP）编制了一份结构事故统计文件（IOGP，2010）。表 1.1 和表 1.2 分别显示了所有平台和浮动平台的统计数据。

在这种情况下，全损指从保险的角度来看是单元损失，但是单元可以修复并重新投入运行。

表 1.1 　　　　　　　　　　　**所　有　平　台**　　　　　　　　　　单位：个/a

类　别	全　球
所有严重结构故障的频率（不包括牵引）	4.55×10^{-5}
由天气引起的严重结构故障的频率（不包括拖航）	3.25×10^{-5}
全损频率（不包括拖航）	4.55×10^{-5}
天气造成的总损失频率（不包括拖航）	1.30×10^{-5}

表 1.2 　　　　　　　　　　**浮动平台（非固定平台）**　　　　　　　　单位：个/a

类　别	全　球	英　国
所有严重结构故障的频率（不包括牵引）	3.20×10^{-4}	1.09×10^{-2}
由天气引起的严重结构故障的频率（不包括拖航）	2.67×10^{-4}	3.28×10^{-3}
全损频率（不包括拖航）	3.73×10^{-4}	
天气造成的总损失频率（不包括拖航）	1.07×10^{-4}	

严重的结构故障事故是指装置由于操作和环境载荷而失去支撑上部结构的能力。此外，对于固定装置，IOGP（2010）给出了所有严重结构故障（不包括牵引）的频率，估计为 7.40×10^{-6} 个/a（全球估计）和 1.09×10^{-3} 个/a（英国）。

没有研究者研究全球数据和英国数据之间的巨大差异，原因可能是世界上某些地方缺乏事故报告。

1.3.3　基于陆基结构的沿革

仅考虑陆基钢结构，Oehme（1989）进行了一项考虑损坏原因和结构类型的研究。这项研究很有价值，因为钢材已经用于各种不同结构中，共报告了 448 起损伤案例，约有98％的事故发生在 1955—1984 年期间，62％发生在安装后不到 30 年内。损坏的主要原因统计见表 1.3。

表 1.3　　　　　　　　　　　　　损 坏 的 主 要 原 因 统 计

损坏原因（可能有多种面额）	小计		建筑		桥梁		输送机	
	数量/个	比例/%	数量/个	比例/%	数量/个	比例/%	数量/个	比例/%
静强度	161	29.7	102	33.6	19	14.8	40	36.0
稳定性（局部或全局）	87	16.0	62	20.4	11	8.6	14	12.6
疲劳	92	16.9	8	2.6	49	38.3	35	31.5
刚体运动	44	25	25	8.2	2	1.6	17	15.3
弹性变形	15	2.8	14	4.6	1	0.8	0	0
脆性骨折	15	2.8	9	3.0	5	3.9	1	0.9
环境 *	101	18.6	59	19.4	41	32.0	1	0.9
热负荷	23	4.2	23	7.6	0	0	0	0
其他	5	0.9	2	0.7	0	0	3	2.7
合计	543	100	304	100	128	100	111	100

*　对于本研究中的环境，腐蚀是主要因素，但该术语似乎也包括其他环境退化过程。
资料来源：基于 Oehme（1989）。

由于老化结构问题受到关注，所提到的疲劳和环境退化（腐蚀）机制是第一组应引起注意的失效原因。然而，由于不均匀沉降而采取的措施可能在其他几种失效原因中起到一定作用，但不可能根据现有数据得出结论。

Carper（1998）研究了 1987—1996 年加拿大桥梁结构构件失效的原因，表 1.4 列出了所发现的原因。

表 1.4　　　　　　　　　　　　　桥梁结构构件失效的原因

原　因	数量/个	原　因	数量/个
超载	8	疲劳以外的劣化（腐蚀、混凝土开裂等）	18
疲劳	12		

资料来源：Carper（1998 年）。

在所有这些"失效"中，只有超载导致构件完全失效。疲劳失效很少是完全失效，因为随着裂纹增长，剩余部件之间发生了重新分布。这表明了疲劳发生时安全冗余在安全评估中的重要性。

1.3.4　离岸固定钢结构的沿革

大多数离岸油气平台的结构失效都发生在飓风期间的墨西哥湾，其中许多平台比挪威和英国大陆架上的平台要古老得多。表 1.5 概述了墨西哥湾的飓风和被摧毁的平台数量。

安德鲁飓风之前的飓风数据很难找到，大部分的失效都是由于安德鲁飓风以及随后的飓风造成的。因此，以下评估中使用的数据来自的飓风是：

- 安德鲁（PMB 工程，1993）；
- 莉莉（Puskar 和 Ku，2004）；
- 伊万（Energo，2006）；
- 卡特里娜和丽塔（Energo，2007）；
- 古斯塔夫和艾克（Energo，2010）。

表 1.5　　　　　　　飓风对离岸固定平台造成的历史性破坏

飓风	年份	平台被毁数量/个	飓风	年份	平台被毁数量/个
大岛[a]	1948	2	安德鲁[a]	1992	28
卡拉[a]	1961	3	莉莉[a]	2002	7
希尔达[a]	1964	14	伊万[a]	2004	7
贝特西[a]	1965	8	卡特里娜[a]	2005	46
卡米尔[a]	1969	3	丽塔[a]	2005	68
卡门[a]	1974	2	古斯塔夫[b]	2008	1
弗雷德里克[a]	1979	3	艾克[b]	2008	59
胡安[a]	1985	3			

注　a：来自 Energo 的数据（2006 年）。
　　　b：来自 Energo 的数据（2010 年）。

总结这些报告后发现，图 1.5 所示的分布是针对平台在损坏或倒塌时的老化情况进行说明的。

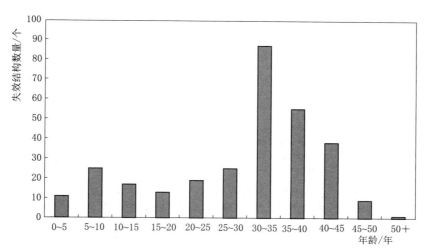

图 1.5　在 GOM 飓风中受损平台的年龄

为了获得有关墨西哥湾平台年龄分布的信息，采用 Pulsipher 等人的报告"预测到2023 年墨西哥湾 OCS 的离岸平台数量"（2001），如图 1.6 所示。

考虑到不同年代的平台数量，根据所示日期进行修正，可确定相对故障概率，如图 1.7 所示。相对概率的计算方法是将具有特定年份的平台搁浅的结构失效数量（图 1.5）除以该年龄段报告的结构数量（图 1.6）。

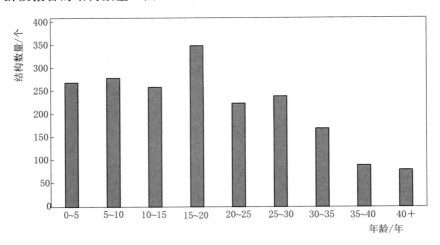

图 1.6　1997 年固定主体结构的年龄分布

资料来源：根据 Pulsipher 等人提供（2001 年）

需要进一步研究这些报告中主要结构的定义是否相同。然而，假定年龄分布曲线具有代表性，但实际数据有待进一步研究。因此，图 1.7 中尽管指出了随着年限增长失效概率的趋势但不包括实际失效概率。从损坏时的平台老化（图 1.5）和作为平台老化函数的失效相对概率（图 1.7）来看，年限是一个重要因素，30 年以上平台的失效相对概率有显著变化。

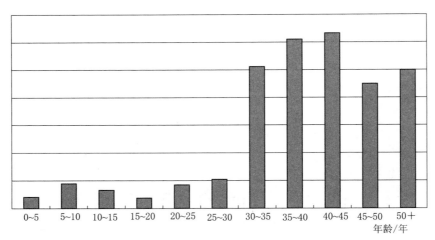

图 1.7　随平台年数变化的失效概率趋势

（由于实际数量的限制，不包括垂直轴的数字）

然而，表 1.5 中描述的关于飓风中这些损害和倒塌的报告并不能清楚地表明物理老化（恶化）是发生大多数故障的一个重要因素。如后文所述，设计不足可能是主要原因。事实上，关于这些事故的报告中几乎没有包含先前的退化和检查结果。其中一个例子是平台在飓风中倒塌之前遭受船只碰撞，这表明船只碰撞造成的损害可能导致平台在飓风中倒塌。在其他情况下，钢结构的腐蚀也是众所周知的，导致电阻降低。更多关于这个问题的具体研究揭示许多平台在飓风中崩溃之前已经退化。

其中几起事故的重要原因可能是原结构的设计和评估采用了旧标准。Energo（2007）根据设计中使用的相关美国石油协会（API）标准对平台进行分析，对此进行了进一步讨论。根据第九版之前的 API - RP2A 标准，设计的平台显示出较高的故障率。

如图 1.8 所示，飓风对平台造成的大多数损坏会造成倾斜（$1° \sim 45°$），或由于构件或接头故障，以及大多数情况下的多重故障导致倾倒。

应当指出飓风损失的一个重要原因是平台所经历的浪高远大于设计阶段预期的浪高，但其他老化机制也可能起作用。还应注意，图 1.7 所示的大多数故障部分来

图 1.8　墨西哥湾平台在飓风中受损
资料来源：Gerhard Ersdal

自 1997 年之后发生的飓风，而图 1.6 所示的墨西哥湾平台的年龄分布则来自 1997 当年，因此，无法得出可靠的结论。例如关于失效频率，趋势的指向需要进一步调查。此外，通过使用图 1.7 中的故障统计数据，并通过图 1.6 中所示的每个年龄组中平台的数量，假定所有年龄组中的平台都受到飓风的同等影响。归纳可得到结果，情况可能并非如此，但没有证据表明遭遇破坏的平台属于特定年龄分布。因此，再次提出的研究结果应被视为指向的趋势，而不是每个年龄段的实际失效频率的背景。

1.3.5　航运和移动离岸平台行业沿革

对老化效应的研究也在航运和 MOU（移动离岸设备）行业进行。同样发现了墨西哥湾固定式结构的类似趋势。图 1.9 总结了关键船体构件的损伤类型，包括腐蚀、结构开裂、振动和其他类型（例如碰撞导致屈曲）。此处的损坏定义为需要维修的缺陷或退化。图 1.9 给出了损伤随年龄变化的趋势。

如 SSC（2000）所述，腐蚀造成的损坏占报告总数的一半以上，并且腐蚀随着船龄的增长而增加。船龄后期的平整可能会受到船龄较少的影响。图 1.10 总结了货舱、压载舱和船舶其他空间中的腐蚀和疲劳相关损伤，并将其作为船龄的函数。

同样，主要在挪威水域，特别是 Aker H - 3 型，开展了有关 MOUs（移动离岸设备）的研究。图 1.11 显示了所研究的 MOUs（移动离岸设备）上的平均裂纹数量，定义为在五年运行检查计划中检测到的裂纹。

图 1.11 显示了随着 MOUs（移动离岸设备）使用年限增加，裂纹数量明显增加的

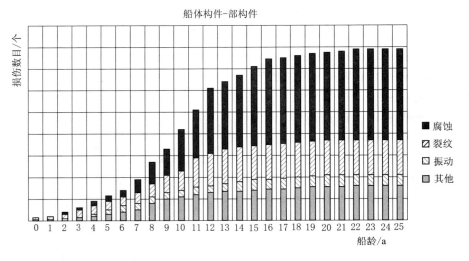

图 1.9　不同原因对船体结构件的损坏以及所有船型的船龄

资料来源：SSC（1992 年、2000 年）

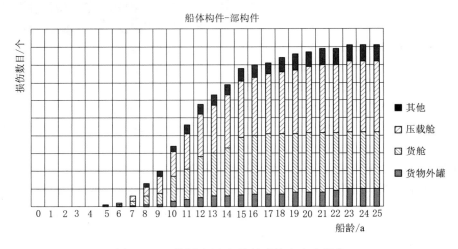

图 1.10　不同位置和船龄的腐蚀和疲劳损伤

资料来源：SSC（1992 年、2000 年）

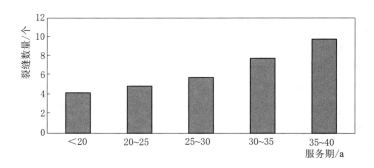

图 1.11　典型 Aker H-3 MOUs 上的平均裂纹数量（五年检查间隔）

资料来源：挪威国家石油公司（2002 年）

趋势。但是，如果观察某个 MOUs（移动离岸设备）的老化情况，这一趋势就不那么容易检测到，这主要是由于可用数据有限。咨询挪威国家石油公司（2002 年）并对这些案例进行详细讨论，但发现老设施的事故率明显上升。对于船舶和 MOUs（移动离岸设备），主要研究物理老化问题，因此认为物理老化是事故的原因。

1.4 设计寿命和寿命延长的含义与浴盆曲线

建筑在设计时构思，在建造时诞生，在矗立中存在，在老化或意外事故中死亡。建筑物的意外死亡起源于其骨架，即结构的破坏。

Levy，Salvadori（2002）

规范和标准中没有很贴切地定义离岸设施（或陆基建筑）的"设计寿命"。表 1.6 给出了几种不同的解释。

根据研究目的，ISO 2394（ISO 1998）和 ISO 19902（ISO 2007）中给出的定义可能是最接近的。

表 1.6 规范和标准中设计寿命的定义

法规，标准或指南	设计寿命的定义
ISO 19900（ISO 2013）-离岸结构-一般要求	第 3.5 节-服务要求-应在设计中规定预期的使用寿命
ISO 19902 -固定钢结构	第 4 节-结构用于预期目的的假定期间，预期维护但不需要进行大量维修
NORSOK - N - 001（标准 Norge 2012）	结构应设计成能承受结构寿命期间预先设定的重复（疲劳）作用
HSE 设计和施工规定（HSE 1996）	第 4 条-需要确保结构在其生命周期内的完整性。在设计阶段要考虑降解和腐蚀的过程； 第 8 条-需要在其生命周期中保持结构的完整性
ISO 2394 -结构可靠性的一般原则	设计工作寿命的定义："结构用于预期目的的假定期限，预期维护但不需要大量维修"
DNV -分类说明 30.6，结构可靠性方法	设计寿命的定义："从开始施工到结构拆除的时间周期"
能源部/HSE 指导说明（HSE 1994）	计算的疲劳寿命不应小于 20 年，或超过 20 年的所需使用寿命；对结构所有部件的（阴极保护）电流应足以在设计寿命期间提供保护

然而，研究者提出了一种可用于实际老化目的的微调形式："设计寿命是假定的一个将用于其预期用途的结构，并进行预期维护，但不需要对老化过程进行实质性维修的时间段。"

原始设计寿命是设计时假定的结构物设计工作寿命。如果使用或结构修改发生在原始设计寿命内，则将其视为"重新评估和再鉴定"。重新评估可能导致修订（剩余的）"设计使用寿命"，但通常基于初始设计假设和标准。

为了说明这一点，图 1.12 显示了浴盆曲线的改进版本，其中初始阶段、成熟阶段代表使用寿命，而老化阶段和终点阶段代表寿命结束的第一部分和第二部分（HSE 2006）。

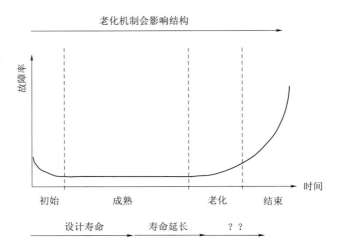

图 1.12 理想情况下，与浴缸曲线相关的设计寿命和寿命延长示意图
但应注意，如果结构管理不当，老化可能会在较早的时候发生
资料来源：基于健康、安全和环境（2006）

（原始）设计寿命假定为结构能够安全使用的时间段，因此必须假定达到一定程度的成熟阶段，而不是老化阶段。寿命延长是指结构在超出最初定义的设计寿命的情况下使用。如果以下两者之间存在差异，则可能会出现以下复杂的情况：

（1）设计规范中规定的设计寿命（由业主/责任人确定）；

（2）原始计算的设计寿命（由设计方提供）；

（3）更新寿命计算（后期采用最新方法和计算机）。

在此，寿命延长被定义为设计规范中定义的原始设计寿命阶段。图 1.12 所示阶段可理解为（HSE 2006）：

（1）第1阶段："初始"。

当结构、系统和设备投入使用时，由于设计、材料或制造的固有弱点或缺陷以及磨合效应，可能会出现相对较高的损伤累积率和需要注意的问题。

（2）第2阶段："成熟"。

在结构、系统和设备通过早期生命问题后，进入第二阶段。这种较长的"成熟"阶段是指设备具有可预测性、可靠性和相对稳定的损伤累积率，以及很少需要注意的问题。结构、系统和设备在其设计范围内正常运行。

（3）第3阶段："老化"。

到了这个阶段，结构、系统和设备已经积累了一些损坏，并且劣化率也在增加。开始出现损坏迹象和其他老化迹象。此外，定量地确定损伤的程度和速率以及估计剩余寿命变得更加重要。

设计裕度可能会受到侵蚀，重点转向特定受损区域的适用性和剩余寿命评估。

（4）第4阶段："结束"。

随着对结构、系统和设备的累积损害越来越严重，结构、系统和设备最终将需要修理、翻新、退役或更换等情况变得很明显。劣化速率正在迅速增加，不容易预测。在设备寿命的最终"结束"阶段，重点是确保在尽可能长的时间内保证设备的安全。

设计寿命的概念对于在其使用寿命期间放置在一个位置上的固定式结构最容易解释。对于可能在全球不同地区、不同环境条件下运行的移动装置而言，设计寿命的解释和老化评估变得更加困难。一些船舶定级机构已制定了评估和管理方法，例如此类结构的疲劳寿命（如 DNVGL 中的疲劳利用指数），见 4.5.3 节。或者可以连续进行不同操作位置的专用疲劳分析，以获得累积疲劳寿命的状态。

1.5 寿命延长评估程序

寿命延长评估的主要目标是确保老化设备仍然足够安全。为了实现这一目标，可以使用图 1.13 所示的过程（Ersdal et al.，2008）。Sharp 等人（2011）也发现了与寿命延长评估相关的其他重要工作。

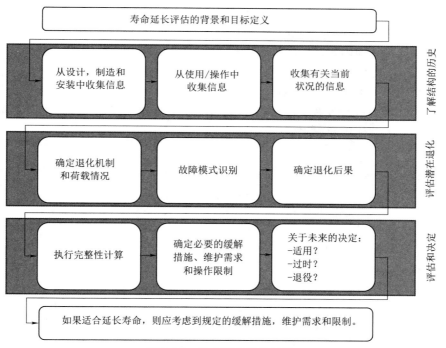

图 1.13 寿命延长评估过程

定义生命延长的背景和目标。作为结构评估的基础，关键点是业主对结构计划使用时间的预期。背景还应包括评估延长寿命的老化结构应采用的条例和标准。另一个重要点是结构的使用方式，包括任何计划的更改。这些信息通过以下过程获取。

了解结构历史。涉及评估结构及其构件的劣化历史，并查明当前条件。结构评估应基于原样条件、更新的图纸、计算模型和原样条件分析研究，以确保竣工条件和任何新技术的所有变化都纳入新的分析中。这也包括对结构的任何损坏和退化的影响。

该阶段应包括收集结构和海洋系统的必要信息（如正确的图纸、厚度测量等）。

实际事件和事故的统计将影响风险分析，为结构设计事故规范提供依据。任何成功的建造历史（如检查期间无裂纹）也将是减少结构不确定性的重要资料。由于通常适用于旧结构的建造历史信息有限，不确定性将是一个主要挑战，理想情况下，寿命延长需要基于更高的安全系数。

　　潜在劣化和荷载的评估。有必要评估哪些老化的方面可能会降低安全性。包括识别可能与老化有关的劣化机制和影响结构的失效模式。一个重要的方面是过去或未来的退化速度是否已经或预计将缓慢或加速。还应评估单元的事故和事故历史，以及它们对结构强度等方面的影响。另一个重要方面是确定是否可以通过检查发现退化，如果存在是否可以修复结构部件。

　　评估。评估结构完整性时，应考虑其现状条件、假定的未来性能、使用情况以及建议的修改和缓解措施。通常这将包括对结构强度、疲劳寿命以及防腐蚀是否进行充分的检查。

　　一些标准对结构和海洋系统寿命延长的评估提供了一些指导，如 Norsokn－006 标准（挪威标准，2015）。第 4 章对延长寿命的评估进行了更详细的讨论，第 5 章对缓解措施进行了概述。

　　关于进一步使用的决定。最后问题是在寿命延长期继续使用该结构，还是使其退役。答案取决于采取修补加固方案后该结构是否能够符合国家安全要求，以及该寿命延长方案是否经济。

　　经济因素如图 1.14 所示，说明收入和成本之间的平衡如何随时间变化以及与此相关的不确定性。从经济角度考虑这会导致一段时间的"生命终结"，除非其他因素变得重要，例如退役成本或重新使用和连接的机会。

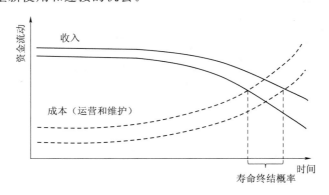

图 1.14　收入和成本与时间的平衡，表明和经济寿命结束相关的时间尺度

资料来源：Stacey（2010）

　　寿命延长阶段结构的完整性管理。寿命延长评估需要更新结构完整性管理计划（见2.4 节），同时考虑到假定结构面临老化的影响。

书目注释

　　1.1 节基于 Ersdal（2014）。1.2 节基于公共领域的一般信息、作者的个人经验和注释。1.3 节部分基于 Ersdal et al（2014）。1.4 节基于 HSE（2006）和 Ersdal（2014）。1.5 节基于 Ersdal et al（2008）。

参考文献

Adams，J. R. (1967). Inquiry into the Causes of the Accident to the Drilling Rig Sea Gem. The Ministry of Power，HMSO CM3409，London.

Carper，K. (1998). Conference on failures in architecture and engineering：What are the lessons? EPFL，Lausanne.

Clauss，G.，Lehmann，E.，and Østergaard，C. (1992). *Offshore Structures*，Vol.1 *Conceptual Design and Hydromechanics*. Springer Verlag.

Energo. (2006). Assessment of fixed offshore platform performance in Hurricanes Andrew，Lili and Ivan. MMS Project no. 549.

Energo. (2007). Assessment of fixed offshore platform performance in Hurricanes Kartina and Rita. MMS project no. 578.

Energo. (2010). Assessment of fixed offshore platform performance in Hurricanes Gustav and Ike. MMS project no. 642.

Ersdal，G. (2014). Ageing and life extension of structures，Compendium at the University of Stavanger.

Ersdal，G.，Kvitrud，A.，Jones，W.，and Birkinshaw，M. (2008). Life extension for mobile offshore units require robust management：how old is too old? *Journal of International Association of Drilling Contractors* 64 (5)：54 - 58.

Ersdal，G.，Sharp，J.，and Galbraith，D (2014). Ageing accidents-suggestion for a definition and examples from damaged platforms. OMAE14，San Francisco，CA.

HSE (1994). *Guidance Notes for the Design and Construction of Offshore Structures*，4e. Health and Safety Executive (HSE).

HSE. (1996). *The Offshore Installations and Wells (Design and Construction，etc) Regulations*. Health and Safety Executive (HSE) SI 1996/913.

HSE. (2006). Plant ageing-Management of equipment containing hazardous fluids or pressure. HSE RR 509.

IOGP. (2010). International Association of Oil & Gas Producers (IOGP) Risk Assessment Data Directory. Report No. 434. IOGP，London.

ISO. (1998). ISO 2394. General principles on the reliability for structures. International Standards Organisation.

ISO. (2007). ISO 19902. Petroleum and natural gas inductries-Fixed steel offshore structures. International Standards Organisation.

ISO. (2013). ISO 19900. Petroleum and natural gas industries-General requirements for offshore structures. International Standards Organisation.

Levy，M. and Salvadori，M. (2002). *Why Buildings Fall* Down. NewYork：W. W. Norton & Company.

Moan，T.，Bekkvik，P.，and Næsheim，T. (1981). 'Alexander L. Kielland' -ulykken. Norges Offentlige Utredninger，NOU 1981：11，Universitetsforlaget，Oslo，Norway. (In Norwegian with an English summary).

Oehme，P. (1989). Schäden an Stahltragwerken-eine Analyse (Damage analysis of steel structures). *IABSE Proceedings P* - 139/89.

Offshore. (2004). Special Anniversary-the History of Offshore：Developing the E&P Infrastructure，https：//www. offshore-mag. com/articles/print/volume-64/issue-1/news/special-report/special-anniversary-the-history-of-offshore-developing-the-epinfrastructure. html (accessed 1 April 2018).

Paik，J. K. and Thayamballi，A. K. (2007). *Ship-Shaped Offshore Installations：Design，Building and Operation*. Cambridge University Press.

PMB Engineering (1993). *Hurricane Andrew-Effects on Offshore Platforms-Joint Industry Project*. San Francisco，CA.：PMB Engineering，Inc.

Pulsipher，A. G.，Omowumi，O. I.，Mesyanzhinov，D. V. et al. (2001). *Forecasting the Number of Offshore Platforms on the Gulf of Mexico OCS to the Year* 2023. Prepared under MMS Contract 14 – 35 – 0001 – 30660 – 19934 by Center for Energy Studies，Louisiana State University，Baton Rouge，LA. Gulf of Mexico OCS region：U. S. Department of the Interior，Minerals Management Service.

Puskar，F. J. and Ku，A. P. (2004). Hurricane Lili's impact on fixed platforms and calibration of platform performance to API RP 2A. OTC paper 16802.

Sharp，J. V.，Wintle，J. B.，Johnston，C.，and Stacey，A. (2011). Industry Practices for the Management of Ageing Assets Relevant to Offshore Installations. Paper no. OMAE2011 – 49264.

SSC. (1992). Marine Structural Integrity Programs (MSIP). Ship Structure Committee report no. 365.

SSC. (2000). Prediction of Structural Response in Grounding Application to Structural Design. Ship Structure Committee report no. 416.

Stacey，A. (2010). HSE Ageing and life extension inspection programme. Presentation at the Norwegian Petroleum Safety AuthorityWorkshop on Ageing and Life Extension，PSA，Norway (7 April 2010).

Standard Norge. (2012). NORSOK N – 001 Integrity of offshore structures. Edition 8. Standards Norway，Lysaker，Norway.

Standard Norge. (2015). NORSOK N – 006 Assessment of structural integrity for existing offshore load-bearing structures. Edition 2. Standards Norway，Lysaker，Norway.

Statoil. (2002). Ageing and operability project-Mobile drilling units. Document no. 02. 2001. BRT RIG. Revision date 8 January 2002.

第2章 离岸结构设计、评估和维护的历史和现行原则

2.1 规范和导则的历史发展

为了全面掌握旧结构的特征，了解该结构建造时使用的标准、计算方法、材料、制造方法、安装方法和维护程序是重要的工作。

2.1.1 美国导则和规范

美国石油学会（API）于1969年发布了第一套离岸结构物设计推荐导则（RP 2A），以及第一套离岸工业设计程序（API 1969）。在 RP 2A 的第一版中，推荐了一个有限的25年回归波标准，该标准后来有所提高。1972年（第4版），提供了管接头设计的升级程序（API 1972），1977年（第9版）引入了参考波，将重现期从25年增加到100年，并对管接头设计程序进行了升级（API，1977页）。1982年（第13版），对管接头设计规定进行了进一步改进（API，1982）。1980年，API 开始为固定式离岸平台设计开发新的抗荷载系数（LRFD）方法，最终于1993年出版（API，1993）。第20版 API RP2A 还提供了一个完全修订的波浪力公式，作为设计依据。

自1969年 API RP 2A 第一版以来，API 管接头静态设计技术一直在不断发展。1972年出版的第四版中，根据冲切原理介绍了一些简单的建议。第4版中，介绍了允许弦杆中存在荷载的因素以及支撑与弦杆直径比。在1977年发行的第9版中，在接头和载荷配置的许用应力公式中，即 T/Y、X 和 K 接头之间引入了差异。在第14版中，对冲切应力公式进行了相当大的修改，并包含了一个更现实的表达式，以说明弦荷载的影响，并提供了支撑轴应力和弯曲应力组合效应的相关方程。到21世纪，所有版本的静态强度指南基本上保持不变。

管接头疲劳设计程序也得到了改进。从 11-21 号 RP 2A 版本中的焊接接头 X 和 X′ 疲劳设计曲线已被一条基本的 $S-N$ 曲线所取代，该曲线的斜率 $m=3$ 在1000万次循环时变为5。文中还介绍了几个因素的疲劳寿命校正因子，例如海水，厚度和焊接轮廓控制，研磨、喷丸，并建立了管节点应力集中系数（SCFs）的改进方程。美国目前处于寿命延长阶段的大多数装置都是按照 API RP 2A 的早期版本设计的，其局限性如上所述。

2014年发布的第22版 API RP 2A（API，2014a）中引入了一个名为 API RP 2 结构完整性管理（API，2014b）的补遗，目的是不断进行的结构完整性管理（SIM），这一点越来越重要。然而，这一新的部分并没有涉及寿命延长。本版还包括对有关管接头强度和

疲劳性能的规定的实质性修订。

此外，一份名为 API RP 2FB 的新文件于 2014 年发布，为离岸平台上部结构的防火和防爆分析和设计提供了新的指导方针。

最初，在其他正在开发离岸结构物的国家，缺少适合的设计标准，因此，API RP 2A 成为世界各地设计此类结构物的默认依据。到 20 世纪 70 年代末，其他标准和规范也开始采用。其中最值得注意的是英国能源部指南（见下文）和挪威石油理事会（NPD）规则的发行，这些规则由挪威标准局（Norsok）支持，见挪威标准（2012）。此外，一些船舶分类协会参与了离岸行业，并发布了适当规则，其中一些基于 API RP 2A。这些规则包括美国航运局、挪威船级社和劳埃德船级社。

2.1.2　英国能源部和 HSE 指导说明

多年来，英国水域标准的制定受到了多起事故的严重影响；其中第一起事故是 1965 年 12 月的 Sea Gem 事故，当时钻机正在北海南部勘探天然气（Adams，1967）。钻井平台倒塌并迅速下沉，平台上的 32 人中 13 人死亡。这使政府意识到在北海工作的恶劣条件和需要更强有力的安全立法。因此，英国能源部于 1971 年颁布了《矿物加工（离岸装置）法》。此后，离岸设施（施工和测量）条例于 1974 年实施。根据这些法规的要求，引入了认证制度，需要由指定组织（如劳埃德船级社、挪威船级社）定期认证。这些都得到了能源部发布的一套指导性说明的支持，这些指导性说明是为了规范近海工业。目前处于延长使用寿命阶段的大多数英国装置最初都是在认证制度下设计和运行的。

第 1 版"离岸设施：设计、施工和认证指南"的指导说明相当基础，其中包括有关钢材和一次结构的章节。1977 年第二期（能源部，1977）扩大了指南的范围，并在 1984 年第 3 版（能源部，1984）中进一步发展了指南。第 4 版和最后一版于 1990 年出版（HSE 1990 年）。焊接管接头的早期疲劳设计远比现行的指南保守得多；其部分来源于在空气中试验的焊接板的疲劳数据。1977 年版的指导说明基于与热点应力和有限安全系数相关的"Q" $S-N$ 曲线。20 世纪 80 年代初，英国能源部成立了一个小组起草新的疲劳指南，这导致 1984 年作为指南注释第 3 版（能源部，1984）的一部分引入了管状接头的 T 曲线。该曲线是基于几个大型项目中接头的试验数据得出的，这些项目包括对 300 个焊接板和 50 个管状接头进行的试验，作为 UKOSRP - II 项目（能源部，1987）的一部分。根据不同厚度焊接板的疲劳性能，还考虑了接头厚度的修正系数。环境对性能的影响（阴极保护下的 2 次还原系数）也是基于海水中焊接板在有阴极保护和无阴极保护的情况下的测试结果得出的。由于现有的管接头 $S-N$ 曲线是基于热点应力，因此 SCFs 的计算被认为是预测疲劳寿命的重要要求。在 1977 年的指导说明中，没有提供关于已开发用于预测 SCFs 的方程适用性的建议。作为 UKOSRP - II 计划的一部分，对现有参数方程的评估表明，几个参数方程可能导致严重的疲劳寿命预测不足。因此，对优选方程提出了建议。

每一组指导说明都对结构设计标准进行了改进，第四版包含了详细的静态强度公式，以及进一步完善了管接头的疲劳要求。第四版中的疲劳部分是当时最全面的要求，根据最新的可用试验数据，采用了新的管接头 $S-N$ 曲线（t'），并成为国际标准组织（ISO）标准的基础（见下文）。

1988 年 7 月，英国海域发生了一起非常严重的事故，当时 Piper Alpha 平台发生了重大火灾和爆炸，造成 165 名工人死亡，这是离岸产业中最严重的事故。这导致了卡伦调查（Cullon Inguiry），该调查为英国离岸行业的安全管理提出了 100 多条建议。以前的规定被认为过于规范，建议之一是撤销《建筑和检验条例》，并以一系列新规定代替基于安全案例的风险管理，案例中涵盖了火灾、爆炸、疏散、逃生和救援等关键问题，这些问题是 Piper Alpha 灾难的主因。安全案例制度于 1992 年出台，1995 年全面实施。

随后，由于新制度将安全管理离岸设施的责任以及适用于此的规范和标准，指导说明被撤销。因此，英国离岸行业现在主要采用 ISO 标准，必要时也采用其他标准。

最近，2010 年墨西哥湾 Macondo 油田发生了非常严重的石油泄漏和事故，11 名工人死亡，欧盟担心所有欧盟国家都没有达到足够高的离岸安全和环境标准。因此，欧盟制定了一项指令（EU2013），旨在在欧洲近海水域开展更安全、更环保的作业。为此，英国政府修改了其安全案例制度，引入了"环境关键要素"的要求，以便为环境事件提供保护。

2.1.3 挪威标准

如前所述，API 于 1969 年发布了其固定式离岸结构物设计的第一个推荐规程（RP 2A），以及离岸工业的第一套设计程序。后续修订如上文所述。挪威的第一个离岸结构是根据这些早期的 API 标准设计的。

自 1972 年起，NPD 是挪威的监管机构。1977 年出版了《固定式离岸结构物结构设计》的第一部法规（1976 年 2 月出版了该法规的提案）。这通常被视为离岸结构物的第一个基于分项系数的极限承载力状态设计规范。在 1977 年版的 NPD 法规（NPD，1977）中，包括适用性、极限强度、疲劳和渐进式倒塌的极限状态。极限承载力状态（ULS）的环境荷载规定为 100 年的重现期。此外，还包括意外荷载，但没有规定意外荷载的概率（特征值需经 NPD 批准）。1977 年，挪威船级社还出版了《离岸结构物设计、施工和检查规范》。多年来，挪威一直将其用作离岸结构物设计的补充。混凝土结构物的设计通常是根据当时挪威陆上混凝土结构标准（即 NS3473）进行的。

在挪威石油工业中，Ekofisk Bravo 事故（1977）和 Alexander L. Kielland 舰队事故（1980）对于改进安全法规的第一个主要步骤很重要。Alexander L. Kielland 舰队事故调查（MOAN，1981）致使挪威离岸石油和天然气行业出现了一些改进，最显著的是介绍了半潜式平台疲劳分析的要求。然而，其他一些因素也在离岸石油和天然气行业安全的持续改进中起到了重要作用，如 1977 年《劳动安全条例》，引入"内部控制"条例（要求负责任的一方在太平洋地区必须有一个系统来验证他们是否遵守规章制度）。

1979 年 NPD 的一封信中首次提到了事故情况下年度超越概率为 10^{-4}——"1979 年 6 月 25 日的信中发布了关于控制渐进式倒塌极限状态的指南"。1981 年，这一要求被纳入 NPD 的"平台概念设计安全评估指南"，其正文为"对于任何主要安全功能，每种超出情况的总发生概率不应超过每年 10^{-4} 次"。按照给定的定义，结构通常是这些安全功能之一。这种对意外事件的监管导致了对风险分析和与结构相关的各种意外事件的重大研究工作（例如 Moan，1981；Søreide et al.，1982）。

1984 年，国家石油开发署更新了《石油资源开发用承重结构设计规范》（NPD

1984）。对于环境荷载和意外荷载，明确包括了年度概率超过 10^{-4} 的荷载水平，用于检查处于极限承载力状态的渐进性倒塌。还包括对受损结构的检查。1985 年，NPD 针对其监管责任的所有领域发布了基于风险的功能性法规，并对半潜式钻机和浮式钻井平台承担监管责任。

在 1992 年版的《承重结构 NPD 规范》（NPD 1992）中，渐进式倒塌的极限状态被重新命名为意外极限状态（ALS）。此外，还包括单一故障后果的风险评估分析。文中提到了结构可靠度方法，但该方法的使用却相当有限。有人指出，安全水平（目标概率）应根据已知结构类型的安全（失效概率）直接校准，并应基于相应的假设。此外，应证明结构可靠性分析是安全的（保守的）。关于如何进行这种评价的论文已有发表，例如由 Moan（1993，1998）发表的论文。

如 Moan（1983）所述，海洋石油和天然气工业中使用的结构物的主要危害是天然海洋环境、碳氢化合物的潜在能量以及人为错误和疏忽。1992 年的 NPD 条例在很大程度上考虑到了这些因素，要求结构按照极限承载力状态法和分项系数进行设计。需要进行风险分析，特别是确定意外荷载。此外，还包括了损伤容限方面的要求。

海洋石油天然气行业安全法规的最新补充是引入了屏障原则（NPD，2002），见第 2.2.3 节，并在同一年将具体的结构指南从 NPD 法规转移到了 Norsok N 系列标准。NPD 法规于 2004 年移交给挪威石油安全局（PSA）（PSA，2004）。

2.1.4　ISO 标准

离岸固定钢结构国际标准的制定始于 20 世纪 90 年代初（继 API RP2A 的 LRFD 版本之后），并成立了若干委员会，由专家负责制定和改进现有规范和标准。开发过程耗时多年，最初制定了一个总体标准。这已进一步发展为现行的 ISO 19900：2013（ISO，2013b），该标准规定了受已知或可预见作用类型影响的离岸结构物设计和评估的一般原则。这些一般原则适用于所有类型的离岸结构物，包括底基结构物和浮式结构物，以及所有类型的材料，包括钢和混凝土。这些原则也适用于现有结构物的评估或修补。随后，发布了固定式离岸结构物标准草案供讨论。ISO 19902：2007（ISO，2007）最终于 2007 年出版，被公认为最现代的离岸固定式结构物设计和评估国际标准。针对混凝土结构（ISO，19903：2006；ISO，2006a）、浮式结构（ISO 19904：2006；ISO，2006b）和千斤顶现场特定评估（ISO 19905：2016；ISO，2016）制定了进一步的 ISO 标准。然而，尽管这些标准并未用于离岸结构物的早期设计，但它们现在已成为设计和寿命延长评估所依据的现行标准。ISO 19902 包括一节 SIM，在 2.4 节中进行了更深入的讨论。

2.2　适用于结构完整性的现行安全原则

2.2.1　导言

一些关于安全原则的策略已经发布。一般而言，与危险管理相关的安全原则可列为：

（1）消除（消除危险）；

（2）替换（防止危险）；

（3）工程控制（将人员与危险隔离）；

（4）行政控制（改变工作方式以降低接触危险的可能性）；

（5）个人防护设备（保护人员免受危险伤害）。

一般来说，安全原则表明应识别和评估危险，并评估针对这些危险采取保护措施的必要性。为确保保护措施按预期运行，需要制定必要的保护措施要求。这通常是通过它们的完整性、可用性和坚固性来衡量的，而这些在运行期间是很重要的。对于结构，这将包括保持强度、延性和冗余度，并有一个组织能够处理必要的结构完整性管理活动。衡量工作表现、调查事件和事故，以确定改进区域并完善组织来确保持续的学习周期。

根据多年的结构设计经验，制定了一套安全设计原则，并在规范和标准中加以体现。结构的设计和制造应使其在预期使用寿命内满足这些一般思想和原则：

（1）结构配置对相关危险敏感性较低；

（2）能够承受制造、安装、操作和拆除过程中可能发生的所有行动和影响；

（3）在计划的使用寿命内，保持适合的使用状态；

（4）设计具有足够的阻力、可用性和耐久性；

（5）尽可能避免结构系统没有预警而倒塌；

（6）选择具有损伤容限的结构形式和设计，例如，使其能够在局部失效导致单个构件或结构意外拆除后仍良性保存；

（7）不会因爆炸、撞击等事件以及人为失误的影响而受到损害，损害程度与原始原因不成比例；

（8）在发生意外事件（如火灾）的情况下，为疏散提供所需时间段的承重能力。

老化会以多种方式影响上述原则。原始设计满足当前适用性和耐久性要求的程度将很明显，结构可能经历了需要维修的意外事件。在此阶段，结构状态可能不符合原始设计要求，然后需要重新评估，以评估结构当前安全水平和持续运行的适用性。

2.2.2 结构安全原则的应用

2.2.2.1 概述

一个安全的结构，在任何时候能够承受所有的荷载情况和意外事件是不可行的。这是由于结构强度、荷载和意外事件的不确定性和内在随机性。此外，还有几个方面是不可预见的。

结构强度、荷载情况和意外事件不是确定的、可预测的量。由于材料的强度不同，制造工作的质量也不相等，因此结构的强度也不同。荷载情况是不可预测的，并且具有固有的随机性。可以定义意外情况，但与预测情况相比，这些情况可能发生在更高的级别或以不同的方式发生。因此，通常不可能预见结构将面临的所有意外事件。在设计、制造和使用结构方面所犯的错误也不可能预见。在少数情况下，有关未知现象的新知识也导致结构设计不正确，强度不够。

确保结构足够安全的传统方法（承认某些结构可能失效，但概率很低）根据下述原则进行设计。

1. 根据分项安全系数极限承载力状态设计方法（也称为荷载和承载力系数设计）确定的强度基于以下内容：

（1）使用材料强度的特征值，这是一个概率定义的低强度值，通常在 2%～5% 范围内。这是为了确保强度低于计算中假定值的概率较低。

（2）类似地，使用了一个特征性的高荷载——通常极端荷载情况下的年概率水平超过 10^{-2}，异常荷载情况下的年概率水平超过 10^{-4}。这是为了确保较低的荷载概率大于计算中假定的荷载概率。

（3）风险评估或标准用于确定结构可能受到的意外事件和意外荷载。确定荷载的特征高值，通常在超过 10^{-4} 的年概率水平上。同样，这旨在确保意外荷载的概率非常低，大于计算中假定的概率。

（4）特征强度通过预先确定的安全系数降低为设计强度，而各种类型的特征载荷通过考虑其假定不确定性的个别/部分安全系数来增加。更高的安全系数（对于风、浪和地震等不确定荷载）和更低的安全系数（对于结构重量等不确定荷载）用于设计荷载。

（5）检查结构的预定极限状态［承载力极限状态（ULS）、意外极限状态（ALS）、疲劳极限状态（FLS）和正常使用极限状态］。强度和荷载的分项安全系数在不同的极限状态下会有所不同，但一般来说，极限承载力状态是检查强度是否大于荷载。

2. 除按局部安全法设计强度外，结构还应具有足够的损伤容限，能够承受局部失效而不倒塌。这是为了确保对不可预见的异常负载、意外退化、意外事件和未知现象具有一定的鲁棒性。鲁棒性将在下面更深入地讨论。

3. 结构在运行期间应进行管理，以保持其设计的完整性。

2.2.2.2 分项系数及极限承载力状态设计方法

作为设计理念的极限承载力状态和分项安全系数的概念包括几个独立的安全系数。每一个都起着特殊的作用，以确保结构在超过极限承载力状态时的安全性。分项系数有两种主要类型：

1. 材料和土壤的分项安全系数，考虑材料和土壤强度特性的统计变异性、材料参数的制造和建模。

2. 考虑到实际荷载与设计（标准）值可能因荷载变化和偏离正常使用条件而产生偏差的荷载分项安全系数。

由于结构在其使用寿命期间所施加的作用，结构需要能够承受的各种极限状态或条件分为两大类：

（1）ULS，是由于断裂、破裂、不稳定、过度非弹性变形等原因对结构或其一个或多个构件进行的故障检查。

（2）正常使用极限状态，用于检查变形和振动等。

ULS 包括结构的故障模式，如：

（1）过度屈服（以及非线性分析中可能出现的断裂）。

（2）弹性或弹塑性失稳导致的屈曲，导致部分或整个结构失去平衡。

（3）结构失去刚性体的平衡（倾覆）。

（4）过度变形。

（5）将结构转化为塑性机构/形成机构。

（6）岩土工程故障。

（7）疲劳或其他时间依赖效应导致的故障。

在 ULS 中，结构可能因单个极端荷载事件或随时间推移的劣化过程以及较轻荷载事件而失效。超负荷运转几乎总是不可逆的，会造成永久性的损坏、变形或失效。

ULS 的重要组成包括：

（1）ALS，这是对结构倒塌的检查，原因与 ULS 相同，但暴露在异常和意外荷载情况下。

（2）FLS，检查结构的疲劳 $S-N$ 承载力或裂纹扩展承载力。

在 ALS 中，考虑了异常荷载（如极低概率环境事件）和可能的意外荷载（如碰撞、爆炸和火灾）对结构性能的影响。许多版本的 ALS 还包括对事故后情况的检查，例如，在火灾或爆炸等事故后，对结构进行代表性荷载情况的检查，目的是确保结构保持其完整性，以允许在失稳前逃离和进行救援。

例如，这是健康和安全执行委员会（HSE）安全案例规则（HSE，2015）和 NORSOK N 系列标准（标准规范，2012）中的案例。

表 2.1 给出了特征荷载及其与极限承载力状态和意外极限状态下其他同步荷载组合所需的年度概率水平示例。

表 2.1　　　　　　　NORSOK N‑003（标准 Norge2017A）环境负荷年概率组合

限制状态		风	波浪	当前	刨冰	海冰	冰山	雪	地震	海平面
终极极限状态	1	10^{-2}	10^{-2}	10^{-1}	—	—	—	—	—	$HAT+S_{10-2}$
	2	10^{-1}	10^{-1}	10^{-2}	—	—	—	—	—	$HAT+S_{10-2}$
	3	10^{-1}	10^{-1}	10^{-1}	10^{-2}	—	—	10^{-1}	—	MWL
	4	10^{-1}	0.63	10^{-1}	—	10^{-2}	—	—	—	MWL
	5	10^{-1}	10^{-1}	10^{-1}	—	—	10^{-2}	—	—	MWL
	6	10^{-1}	10^{-1}	10^{-1}	10^{-1}	—	—	10^{-2}	—	MWL
	7	—	—	—	—	—	—	—	10^{-2}	MWL
意外限制状态	1	10^{-4}	10^{-2}	10^{-1}	—	—	—	—	—	$MWL+S_{10-4}$
	2	10^{-2}	10^{-4}	10^{-1}	—	—	—	—	—	$MWI+S_{10-4}$
	3	10^{-1}	10^{-1}	10^{-4}	—	—	—	—	—	MWL
	4	10^{-2}	10^{-1}	—	10^{-4}	—	—	—	—	MWL
	5	—	—	—	—	10^{-4}	—	—	—	MWL
	6	0.67	0.67	0.67	—	—	10^{-4}	—	—	MWL
	7	0.67	0.67	—	—	—	—	10^{-4}	—	MWL
	8	—	—	—	—	—	—	—	10^{-4}	MWL

注　HAT，最高的天文潮；MWL，平均水位；S_q，q 年风险的风暴潮。

在大多数结构标准中，波浪荷载需要与风荷载和海流荷载相结合，见表 2.1。这是由于波浪和风高度相关，因此需要以 10^{-2} 的年概率水平组合。然而，假定水流与波浪的相关性较小，因此将与 10^{-1} 的年概率水平的波浪组合。

极限承载力状态和分项安全系数法是一种所谓的半概率方法。考虑到结构可能变得不适用，这意味着超过了特定的极限状态条件，但没有尝试过计算这种可能性。结构系统的任何给定参数（通常是强度和荷载）的可变性质是通过统计来定义的，并选择产生的"特征"值进行设计计算。例如，特征荷载被定义为在结构寿命期间有一定概率至少被超过一次的载荷，例如，特征性静载荷的 10% 可能被超过 0.1。

在定义了强度和荷载的特征值后，特定极限状态的设计值是强度和荷载的特征值，由相关的个别分项安全系数进行系数化。该程序导致设计值的超出概率非常低，但未知。

因此，偏因子有助于经验性地处理与概率分布函数尾部相关的不确定和极低概率。

极限承载力状态和分项系数法的一般形式可以表示为：

$$\phi R_c \geqslant \sum_{i=1}^{m} \gamma_i S_c$$

式中：ϕ 为强度系数；R_c 为特征强度；γ_i 为 m 荷载分量外第 i 荷载分量的荷载系数；S_c 为 m 荷载分量外第 i 荷载分量的特征值。

在许多标准中，一般形式用材料系数 γ_m 表示，$\gamma_m = 1/\phi$。极限承载力状态函数变为：

$$R_c/\gamma_m \geqslant \sum_{i=1}^{m} \gamma_i S_c$$

通常，该方程以荷载设计值（S_d）和承载力（R_d）表示：

$$R_d \geqslant \sum_{i=1}^{m} S_d$$

图 2.1 基于负载和承载力的简单分布函数给出了分项系数（IRFD）概念的说明。

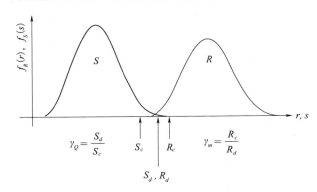

图 2.1　分项系数（IRFD）设计原理说明
（S 代表荷载，R 代表强度）

极限承载力状态法和分项系数法是为新结构设计开发的大多数标准。在某种程度上，这些标准也可用于现有的和老化的结构，但这通常取决于在编写这些标准时所假定包含的老化效应。在实践中，老化的影响，如腐蚀、开裂、凹痕等，并未包含在设计公式中，工程师通常会参考研究报告和论文。

2.2.2.3　坚固性

如前所述，历史表明，结构故障和事故的发生是由于以下因素的组合：

（1）极限承载力状态违规（应力高于强度，倾覆力矩高于恢复力矩，如极端天气、船舶碰撞等）。

（2）结构退化。

（3）意外事件（如火灾、爆炸）。

（4）人为错误。

（5）未知现象。

因此，严格的设计流程和材料选择是很重要的。然而，一个坚固的结构能够承受一些损坏，恶化，以及结构可能经历的其他变化。在结构的相关通用标准中，如 ISO 2394：1998（ISO，1998）、ISO/DIS 2394：2013（ISO，2013a）、ISO 19900：2013（ISO，2013b）和 EN 1990：2002（EN，2002），给出了表示鲁棒性要求的设计原则❶如下：

（1）了解并控制危险事件和行为。

（2）限制结构对危险事件和行动的敏感性。

（3）确保结构元件能够承受超过理论最小值的经验危险事件和行动（极限承载力状态设计）产生的应力。

（4）确保在结构完全倒塌之前，单个结构元件故障是可见或可检测的。

（5）确保结构具有必要的损伤容限。

（6）减少结构倒塌的后果。

鲁棒设计的一部分是降低结构对荷载、意外事件及其工作环境（如腐蚀性环境）的敏感性。例如，设计具有足够空气间隙的结构物（见定义），以避免离岸结构物上的甲板波浪荷载，因为大多数结构物对甲板上的荷载非常敏感。另一个例子是使用对腐蚀性环境不敏感的材料，或采用降低对腐蚀性环境敏感度的腐蚀保护系统。考虑意外和异常事件的设计，设计师需在更大的荷载下评估结构（如较大的波浪）的表现，并确保对修正荷载、意外事件和环境的敏感性尽可能低。

在一些罕见的情况下，验证载荷可用于检查结构是否能够承受预期载荷，并且不会因极限承载力状态违规而失效。例如，对于管道来说，这是证明强度的可行方法，但很难应用于离岸结构物。

超过理论设计强度最小值的结构将引入一些公差，例如增加牺牲厚度以允许某些腐蚀，并添加额外的钢筋（用于混凝土结构）以确保安全。在某种程度上，针对意外和异常行为进行设计是一种确保额外强度放置在需要地方的方法。

如果发生单一或有限数量的故障，以几种可能的荷载路径、冗余度、延性等形式表示的损伤容限对结构来说非常重要。损伤容限应在结构中提供必要的能力，使其不会因一个或有限数量的构件和组件的故障而倒塌。

减少由于未知现象引发故障的可能性确实是困难的，因为它们显然是未知的。研究和发展对于尽快了解这些现象很重要。

密切关注结构和其他业主在类似结构方面的经验将有助于在早期识别未知现象。在近海工业中，此类未知现象的例子包括在浮式生产、储存和卸载装置（FPSO）、波浪冲击荷载等方面的甲板浪涌经验。

2.2.2.4 设计分析方法

线弹性分析是最常用的分析方法，用于确定结构承受的荷载引起的应力，从而根据极限承载力状态法进行强度检查。在线弹性有限元分析（FEA）中，描述结构行为的方程组为 $Kr=R$。在该矩阵方程中，K 为结构的刚度矩阵，r 为节点位移矢量，R 为外部节

---

❶ 应注意的是，每一个参考标准中并未给出所有这些原则，但该原则列表是这些不同标准中给出的安全结构设计原则的累积。

点力矢量。该方程建立在假定位移很小且平衡方程中可以忽略的假设基础上，应变与应力（线性胡克材料模型）成正比，荷载保守（不受变形影响），结构支撑保持不变。困难的是，实际结构的行为是非线性的，即位移与荷载不成正比，非线性行为在大多数实际问题中可以忽略，并且可以使用线性分析。然而，桩和地基的性能要求包含非线性表示。

结构分析的基本要求是计算要稳妥。根据塑性下限定理，与不超过可接受塑性应力的内应力平衡的外部荷载小于或等于可接受塑性的倒塌荷载（Chakrabarty，1987）。这可以通过使用上述线弹性分析来实现，给出静态容许力，然后根据公认标准和延性材料的使用对应力进行规范检查。由于符合下限定理，因此其本身就包含了一定程度的安全性。

非线性分析是线弹性分析的一种替代方法。在非线性分析中，如几何非线性（大位移对结构整体几何结构的影响）、材料非线性（如塑性材料行为）、边界非线性（位移相关边界条件）和非保守荷载（取决于变形的荷载）都包含在分析中。在有限元分析中，描述结构行为的方程组为 $K(r)r=R(r)$，其中结构的刚度矩阵和外部节点力矢量都依赖于节点位移。非线性分析是，通过更好地模拟倒塌期间结构的实际行为，使结构的最大强度标准更加真实（Søreide，1981）。用于倒塌分析的方法包括几何刚度和材料非线性。这些方法还将根据下限定理给出一个解。在大多数情况下，该解比线弹性解更精确，更接近理论倒塌承载力。

线弹性分析和非线性分析都遵循塑性理论中的下限定理作为结构的常规设计原则。因此，两者都应提供结构强度的下限估计。

然而，在进行非线性结构分析时，需要注意以下问题：

（1）不能应用叠加原理。因此，一些荷载情况的结果不能组合，非线性分析的结果也不能按比例缩放。

（2）一次只能处理一个荷载情况。

（3）加载顺序（即加载历史）可能很重要，尤其是塑性变形，取决于加载方式。

（4）结构性能可能与施加的荷载明显不成正比。

（5）初始应力状态（如热处理、焊接等产生的残余应力）可能很重要。

一般来说，结构非线性分析背后的理论将不在本书讨论。读者可参考例如 Crisfield（1996）、Skallerud 和 Amdahl（2002）。

在 ULS 和 ALS 检查中使用非线性分析存在许多挑战，但是一些标准对非线性分析的使用提供了指导，特别是对于 ALS 检查。参见例如 NORSOK N - 006（挪威标准，2015）和 DNVGL RP - C208（DNVGL，2016）。

2.2.2.5　运行结构管理

在运行过程中，结构及其评估都将以多种方式发生变化。如 1.1 节所述，这些变化主要有四种类型：

（1）物理变化（变质、损坏等）。

（2）技术变化（通常与结构物无关，但与浮式结构物中的海洋系统非常相关，如果结构物由控制系统操作，则可能相关）。

（3）结构本身的信息和知识的变化。

（4）物理模型、物理现象和工程方法知识的变化。

结构的完整性管理需要确保识别此类变化，评估其影响，并在必要时减轻变化，以确保结构安全。

一个老化的结构通常会积累许多此类变化，如果在运行过程中这些变化没有得到适当的管理和缓解，将结构恢复到足够安全的状态可能是一个挑战并要付出昂贵的代价。然而，在大多数情况下，结构应该得到适当的维护，关于结构的必要知识应该是可用的，并且应该可以对结构的安全性进行评估。

如第 1 章所述，结构最常见的失效原因之一是设计和制造错误。老化结构，尤其是暴露在接近设计荷载下的结构，最有可能出现此类错误。因此，从积极的方面来看，老化结构的设计和制造错误的可能性较低，因为这些在早期的使用寿命中是显而易见的。

2.2.3 安全管理

英国的健康、安全和环境文件 HSG 65（HSE，2013）是管理工作场所健康和安全的一般指南。它基于计划、实施、检查、经验的原则，实现安全管理系统和行为方面的平衡。

它将健康和安全管理作为良好管理的一个组成部分，而不是作为一个独立的系统。其原则一般适用于结构安全管理（图 2.2）。

计划、执行、检查、行动管理循环由以下几个要素组成：

（1）计划。政策和战略是这一阶段的核心要求。应对危险进行评估，并评估防范这些危险的屏障需求。应建立性能标准，以确保屏障具有功能性，并具有必要的完整性和鲁棒性，以执行其应执行的任务。需要程序、检查和应急计划。

（2）执行。这需要按照战略、风险概况和绩效标准进行操作。此

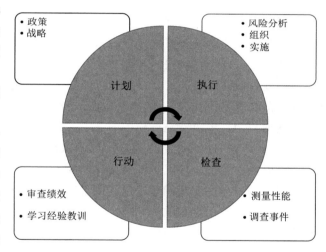

图 2.2 完整性管理原则
资料来源：HSG65（HSE，2013）

外，保持结构的强度、延性和冗余度。拥有一个能够处理必要 SIM 活动的组织。数据收集、评估、监督计划和监督执行是其中的一部分。

（3）检查。测量性能并调查结果、事件和事故，以确定结构和 SIM 系统中的改进区域。

（4）行动。通过对现有结构、事故的学习，确定改进结构和仿真的方法。

在高风险行业中，屏障被用于许多不同的方式来管理风险。关于障碍物的最详细定义见《挪威变压吸附条例》。在《挪威变压吸附条例》中，为了避免出现危险情况，假设有一个安全可靠的解决方案，但应设置屏障，以保护人员、环境和资产，以防此类危险事件

的发生。因此，屏障被定义为一种功能，其目的是防止一系列事件（基于危险、故障、损坏等）发生，或以限制伤害和/或损失的方式影响一系列事件（图 2.3）。

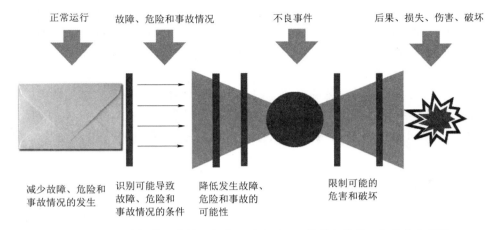

图 2.3　处理正常操作之外情况的典型屏障图——设计包络线（竖条代表屏障）
资料来源：ERSDAL（2014）

屏障的功能通常是识别危险事件、阻止危险升级或限制危险升级时可能造成的伤害和不便。屏障功能将由技术系统或组织（人员）和操作（行动）执行。这些都在 PSA 规定中，被称为技术、操作和组织屏障要素。

屏障元件通常在设施的正常运行以及作为屏障元件时具有功能。可以找到一些仅起到屏障作用的技术系统和设备示例，例如，在汽车中，安全带和安全气囊在汽车的正常运行中没有任何作用，但显然是屏障中的一个元素，其功能是限制对诸如碰撞等危险情况的伤害。一些操作（行动）主要在危险情况下执行，例如，仅仅是障碍物的情况。应注意的是，在正常操作和危险情况下都使用相同的人员。

离岸结构物的主要功能是通过其设备和人员支持上部结构物的正常运行。然而，在某些危险情况下（如船舶撞击），离岸结构物能够承受荷载，因此，它也是一种障碍元件。该结构还可以在有限的时间内承受火灾，并在一定程度上承受爆炸。此外，如果由于已识别或未识别的意外事件而导致局部损坏，则要求结构不会倒塌。在结构标准中，这些危险包含在 ALS 评估中。

最重要的附加屏障方法将增加结构工程关于可能发生的危害的系统性思考，以及如何设计和保护结构免受这些危害。此类缓解措施可能是在暴风雨前移除人员，或限制平台上允许的重量等。

老化的屏障元件和结构将退化，并且可能因屏障元件和结构本身的故障而产生危险。此外，屏障和结构可能无法抵抗意外作用。有关操作限制的信息和知识可能不再可用。

2.2.4　变更管理

变更管理（MOC）是一个公认的过程，当对可能影响绩效和风险的活动或过程进行重大变更时，需要该过程。寿命延长属于这一类，主运行中心流程的主要目标是确保对资产老化和寿命延长应用足够的严格性。这包括对影响安装或运行的变更进行规划、评估、记录、实施和监控，以便有效识别和管理老化和寿命延长的任何潜在不利影响。在主运行中心过程中需要考虑的具体方面如下：

（1）将老化和过时视为资产使用寿命任何阶段变化的触发因素。

（2）任何修改、升级和维修。

（3）改变标准。

（4）工艺操作条件和安全操作限制。

需要特别考虑管理从最初预期设计寿命到更长寿命期的变更或过渡。有必要证明，如果资产预期在其预期使用寿命之外运行，则该资产具有足够的完整性，并在规定的寿命延长期内保持或预期保持适用。资产寿命延长计划是主运行中心过程的一部分。

有必要证明，在预期资产将超过其预期使用寿命的情况下，资产应具有足够的完整性，并在特定的寿命期内保持适用或预期适用，作为 MOC 流程的一部分，必须进行资产寿命扩展计划。

2.3 老化和寿命延长的现行法规和要求

2.3.1 英国老化和延长寿命的监管实践

在英国大陆架（UKCS）上运行的结构物的 SIM 监管要求规定如下（2017 年现行）：

• 安全案例条例（HSE，2015），将安全案例的准备作为正式要求。

• 设计和施工条例（DCRS）（HSE，1996），要求责任人通过定期评估和在损坏或恶化的情况下进行任何补救工作，确保适当安排，以保持安装的完整性。本法规引入了安全关键要素（SCE）的概念，安全关键要素（SCE）的定义是指可能导致或造成重大事故的装置部件，或其目的是防止重大事故的影响。典型的结构 SCE 是平台下部结构和上部结构。

工作人员需要提供证据，证明已经考虑了可预见的安装结构损坏、升级可能性和所有可能的情况。因此，将恶化和退化纳入一个完善的 SIM 系统和相关计划至关重要。

2005 年修订的《安全案例条例》（HSE，2005），并在 2015 年最新修订版（HSE，2015）中予以保留，首次明确提出了超出原始设计寿命的操作延长。作为 2005 年英国安全案例立法更新（HSE，2005）的一部分，修订后的安全案例需要提交给之前安全案例发生重大变化的 HSE。

其中包括：

• 延长装置的使用寿命，使其超过最初的设计寿命。

• 对结构的修改或维修，这些修改或维修可能对安全产生负面影响。

• 介绍安装或与之相关的新活动。

• 停止生产安装。

• 彻底审查。

最初的设计寿命通常基于疲劳标准，在没有规定寿命的情况下，建议假定设计寿命为20 年（HSE，1990）。修订后的安全案例需要识别所有可能导致重大事故的危害，以及如何适当控制由这些危害引起的重大危害。这些危害包括与寿命延长有关的老化过程中产生的危害，如腐蚀和疲劳。英国安全案例立法要求责任人每五年重新评估一次安全案例，因此，就延长寿命而言，最长寿命为 5 年。

最新版本的英国离岸安全案例条例（HSE，2015）引入了安全和环境关键要素（SECEs）的概念，该概念不仅涵盖重大事故危害，而且还包括可能导致重大环境损害的要素。这一概念是根据欧洲指令（欧盟，2013）引入的。

对于在 UKCS 上安装的设备，作为安全案例立法的一部分，有一项正式要求，即向责任持有人提供一项核查计划，根据该计划，独立和有能力的监察员必须提供核查计划，RSON（ICP）审查 SCES 的记录（其中将包括平台的结构），并对此提出任何保留意见。需要定期审查验证方案，必要时与国际比较项目协商修改或替换。该验证过程应包括对通常与 SCE 相关的性能标准的审查。性能标准通常基于四个主要要素：①功能；②可用性和可靠性；③生存能力；④依赖性。在寿命延长方面，可用性、可靠性和生存能力是关键因素，这些因素都可能受到疲劳和腐蚀等老化过程的影响。值得注意的是，核查方案主要向责任人提供信息，而不是向监管机构提供信息（核查方案可以为其提供一些帮助）。

到目前为止，结构性能标准的制定相比火灾、爆炸等意外危险的标准还存在缺陷。性能标准在离岸结构部件的应用已在 HSE（2007）中讨论。规范和标准中的设计标准为制定结构性能标准提供了强有力的基础。此外，检查和维护对维持性能标准很重要，尤其是当老化效应变得重要时。离岸结构完整性的关键运行性能指标已经制定，Sharp et al.（2015）的报告中有说明。

作为安全案例规定的一部分，审计也是一项正式的常规性要求。此类审计对于证明组织有能力遵循已制定的流程非常重要。在 SIM 方面，制定全面的检查理念、策略和在用检查标准非常重要，预计将作为审计的一部分加以证明。评估阶段的结构适用性证明对装置的整体安全性能也非常重要，应作为审计职能的一部分进行检查。

HSE 建议使用现行规范和标准来从事工程活动，这是 ALARP 方法（HSE，2015）的要求。

关于老化半潜式平台的建议见 HSE（2007）。有人指出，责任持有人应定期重新评估其用于保持完整性的安排，以考虑老化过程的影响，并确保及时发现任何劣化，特别是对于超出设计寿命的装置。在重新评估安排时，应考虑一些措施（如果尚未到位）。其中包括完整和受损状态下的疲劳寿命评估、检查要求、以往使用性能信息、更换/修理老化部件、审查屏障的有效性和可靠性，审查可能影响现有屏障的技术和环境条件的信息变化，或使进一步的措施合理可行。

2.3.2 挪威关于延长寿命的监管实践

挪威的石油活动由 PSA（石油安全管理局）根据若干法规进行管理。首要的规则是给出一般原则的框架规则。管理条例涉及石油活动风险管理的更详细原则。《设施条例》

对主要新设施的设计和布局提出了要求。最后，活动规则给出了运营阶段的要求，例如包括资产完整性管理和 SIM。

在挪威，有一项正式的规则性要求，要求运营商获得 PSA 的许可，在原始设计寿命（PSA，2016）之后进行操作。在 PSA 指南中，提供了同意书的要求列表。其中包括永久放置平台的延长使用寿命许可申请应包含运营商屏障管理概要。这应包括确定更新性能的需求，考虑到老化效应可能同时导致几个屏障的损害。此外，申请应包括对潜在预防措施的评估，以及以下几点：

（1）概述不符合项和差距，以及如何处理这些问题以降低风险。

（2）描述操作员使用有关先前行为和相关设备使用信息的情况，包括类似设施的经验。这可能需要与其他运营商、船东和船级社合作。

（3）描述设施计划使用时间，确定限制平台寿命的因素，并尽可能显示安全操作标准。

（4）如果需要，则要包括操作员的修改、更换和维修计划。

（5）对维护理念、策略和方案变更的描述，这些变更将由于预期的老化影响而实施。

（6）申请同意的期限。

根据 PSA，上述总结应根据挪威石油天然气协会的指南 122（NOROG，2017）编制，并附有补充标准，并应包含根据本指南进行分析的简历。对于结构和海事系统，总结应包含根据 NORSOK N-006 进行的分析概要。

除了延长寿命的具体要求外，挪威标准还对 SIM（PSA，2016）提出了一般要求。要求设施（设施，包括构筑物）应始终能够执行其预期功能。必须假定构筑物的功能包括这些功能，以充分安全。完整性管理规定参照 NORSOK N-005（挪威标准，2017B）。挪威标准还要求为屏障制定性能标准。这些标准通常是根据其功能性、完整性和坚固性来定义的。预计这些性能标准应考虑老化效应，并采取缓解措施补偿退化的屏障。

挪威海事局（NMA，1606）监管悬挂挪威国旗的离岸设施。对于在挪威大陆架（NCS）国家船舶登记册上登记的移动设施，适用《NMA 移动设施条例》中的相关技术要求，其规格和限制见 PSA 设施第 1 节（PSA，2016）。PSA 正在为那些在石油活动中使用的标记钻机发布一份合规函。PSA 还允许在特定地点使用钻机。

2003 年，NPD（现为 PSA）向老化的移动离岸设备所有者发出了一封具体信函。除其他要求外，该函还包括：

（1）根据现行规则和法规计算的疲劳寿命，并针对假定重量和重量分布的变化进行修正，这些变化是由假定用途的修改或变化引起的。

（2）验证设施和竣工文件之间的物理匹配，以便在分析和计算中考虑后期修改或变更的使用。

（3）由于承载结构在疲劳、腐蚀、侵蚀和厚度测量方面延长寿命，操作人员要对检查和维护进行额外考虑和要求。

2.3.3 美国的监管实践

20 世纪 40 年代末，美国政府开始对近海能源行业进行监管，但直到 1953 年通过《外大陆架土地法》（OCSLA），其管辖权才得以完全确立。自 1982 年起，外部大陆架活动的管理由美国内政部下属的矿产管理局（MMS）负责，该局负责管理该国的外部大陆架天然气石油和矿产资源。2010 年 4 月 Deepwater Horizon 悲剧发生后，2011 年成立了 BSEE（安全和环境执法局），将监管责任与租赁销售和创收活动分开。MMS 和现在的 BSEE 依赖于 API 推荐的实践（RPS）。由于墨西哥湾的离岸活动开始的时间比北海早得多，因此墨西哥湾的旧平台数量要大得多。多年来，人们提出了更严格的设计要求，因此，即使不考虑腐蚀和疲劳等物理老化过程的影响，较旧的平台对环境负荷的承受能力也比新的装置低得多。

API 一直是行业标准开发的领导者，促进了工作场所的可靠性和安全性。多年来，API 生产了一系列 RPS，涵盖了与离岸安全和完整性有关的许多方面。《固定式离岸平台的规划、设计和建造规范》（RP 2A）最早于 1969 年出版（API，1969）。第 21 版（API，2000）新增了第 17 节"现有平台评估"，原因是安德鲁飓风导致墨西哥湾许多平台倒塌或严重损坏（PMB Engineering，1993）。安德鲁飓风造成的破坏表明，海洋产业需要标准化现有的结构完整性文件。

2014 年引入了新的 API RP（API RP 2SIM），处理现有固定平台结构的 SIM（API，2014b）。本 RP 包含并扩展了 API RP 2A 第 17 节的建议。虽然寿命延长并未被列为结构评估的触发因素，但列出了一些适用于老化装置的因素。为评估结构损坏、水上和水下结构检查、适用性评估、风险降低和缓解计划提供了具体指导。为了规划、设计和建造新的离岸浮式生产系统，API RP 2FPS（API，2011）给出了与现有浮式生产系统的再利用和使用变更有关的指南、RPS 和其他要求。

2.3.4 世界其他地方的监管实践

如第 1.2 节所述，离岸开发已在世界上几个不同的地方进行，并制定了相关国家法规。其中许多都是基于现有的实践。在西海岸开始离岸开发的澳大利亚，国家离岸石油安全和环境管理局（NOPSEMA）是负责安全和环境保护的机构。安全法规以英国实施的法规为基础，以危险管理和安全案例作为安全的基础。

丹麦和荷兰的离岸结构物都可以追溯到 20 世纪 80 年代。荷兰的相关安全机构是国家矿山监督机构，丹麦的相关安全机构是丹麦工作环境管理机构。离岸安全法规一般遵循风险降低、安全管理的原则。

在加拿大，经常性管理机构是国家能源局（边境地区）、纽芬兰和拉布拉多离岸石油局和新斯科舍离岸石油局。安全性是基于目标设定和规定方法的结合，包括需要从几个认证机构之一获得适合性证书。

在墨西哥，相关的安全组织是墨西哥国家安全、能源和环境局（ASEA）。ASEA 要求碳氢化合物部门的活动在安全和环境管理系统（SEMS）下进行。

巴西主要在坎波斯盆地开始离岸开发，ANP（Agência Nacional do Petróleo -巴西国家石油、天然气和生物燃料监管局）负责勘探和安全。

在这些领域中，根据 ISO 标准，特别是 ISO（2007）和 ISO（2017）对现有和老化结构进行评估，但也使用了 NORSOK 标准、英国法规和 API 标准。

2.4 结构完整性管理

如果每个人都穿上正直的衣服，如果每个人的心都是公正、坦诚、和蔼的，那么其他的美德就几乎是无用的了。

Moliere (Jean Baptiste Poquelin)

2.4.1 简介

在工程术语中，完整性被定义为完整和不可分割的状态，在结构上是统一或健全的（牛津词典）。SIM 是保证离岸结构物安全的关键过程。SIM 的目的是识别变化，评估这些变化的影响，必要时缓解这些变化的影响，以确保结构在运行和使用期间足够安全。如前所述，这些变化可能是物理变化、技术变化、知识和安全要求的变化以及结构信息的变化。物理变化通常是最重要的，并且通常会主导 SIM 的工作。这通常包括相当昂贵的离岸结构检查、结构监测、海洋气象观测。但是，其他类型的变化不应被忽视。这些通常包括文件审查、工程方法和标准的更新以及数据库维护。

SIM 是资产完整性管理的一个子集。资产完整性管理是指在整个生命周期中保持资产不受损坏和处于良好状态，同时保护健康、安全和环境。然而，从更广泛的角度来看，资产完整性管理所关注的不仅仅是实物资产。例如，在 PAS 55（BSI 2008）中，要管理的资产包括：

（1）实物资产（厂房、结构、设备等）。

（2）人力资源。

（3）信息资产。

（4）金融资产。

（5）无形资产（声誉、道德、知识产权、商誉等）。

在本书中，重点是实物资产，即结构，但结构不能孤立地看待。它们都以重要的方式与实物资产交互（BSI，2008），如图 2.4 所示。

因此，资产完整性管理是确保交付完整性的人员、系统、流程和资源到位，在使用过程中，并在资产的整个生命周期（包括寿命延长，如果启用）（PAS，55）需要时执行的手段。资产完整性管理可以进一步描述为在整个设计、施工、安装和运营过程中应用的持续评估过程，以确保设施适合并保持适用。完整性管理过程包括物理资产和预防、检测、控制或减轻重大事故危害的其他系统。诚信缺失可能对人员安全、资产安全、环境或生产和收入产生不利影响。

资产完整性管理流程的目的是为以下各项内容提供框架：

（1）符合公司标准、法规和立法要求。

（2）通过应用基于风险的工程原理和技术，确保技术完整性。提供所需的安全、环境和操作性能。

（3）在保持系统完整性的同时，优化操作设施所需的活动和资源。

（4）确保设施的适用性。

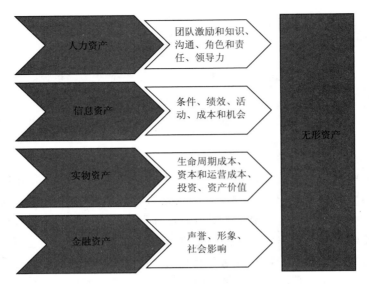

图 2.4　基于 PAS 55 资产完整性管理的相关管理资产

资料来源：BSI（2008）

若干系统用于有效管理资产，并包含成功实现所需的若干要素。其中包括已提及的 PAS 55 系统和国际版本的 ISO 55001（ISO，2014）。此外，国际油气生产商协会（IOGP）发布了自己的文件"资产完整性——管理重大事故风险的关键"（IOGP，2008）。在 IOGP 文件中，资产完整性的重点是预防重大事故，作为良好设计、施工和运营实践的结果。当设施的结构和机械状况良好，并且按照设计要求进行工艺时，就可以实现这一目标。它基于计划、执行、检查、行动（如 2.2.3 节所述）的标准持续改进周期。IOGP 文档中描述流程的关键元素如图 2.5 所示。

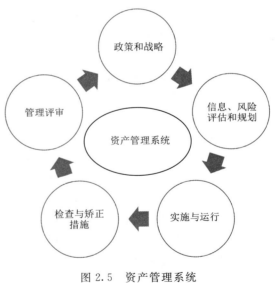

图 2.5　资产管理系统

资料来源：IOGP（2008）

2.4.2　结构完整性管理的主要过程

结构和海洋系统的完整性管理的目的是确保在整个生命周期内保持足够的安全性和可用性水平。因此，SIM 流程包括监控相关参数，包括：

（1）结构的物理条件。

（2）设备配置、重量和结构本身。

（3）结构荷载和材料面临的环境。

（4）结构知识和维护完整性的要求。

适当通过结构评估和实施缓解措施来支持这些活动，以实现控制结构失效的可能性。为了执行这些任务，一个组织需要一个战略和计划，因此需要一个实现这些任务的过程。HSG 65（HSE，2013）、ISO 19902（ISO，2007）、ISO 19901-9（ISO，2017）、API RP 2SIM（API，2014b）和 NORSOK N-005（标准规范，2017b）中给出了必要的 SIM 组织、个人职责和管理过程的指导。

离岸结构物在作业过程中会受到严重的环境和外部物理力的影响，这会导致性能恶化和完整性丧失。这就需要制定和实施维护策略，以确保始终保持结构完整性。传统上，SIM 过程需要进行检查和维修，主要集中在劣化过程，以确保结构保持状态良好。然而，目前正在运行期结构完整性管理需要建立一个广泛框架，检查和维修是其中组成部分。

SIM 流程通常被定义为："收集有关结构、其条件、其荷载及其环境的必要信息，以便充分了解结构的性能，以确保不超过荷载限制，并确保安全运行。"

在不同层次进行调查，以获得结构完整性信息，包括：

（1）状态调查，这在很大程度上是对结构本身的裂缝、腐蚀、损坏和其他变化的传统检查和监测。

（2）实地调查。调查海床（冲刷）、海洋生长和沉降等问题。

（3）测量和海洋环境（波浪、风、海流等）及其他相关荷载。

（4）上部组块重量、操作荷载和危险条件调查（动荷载管理、来访船舶尺寸和形状、系泊张力、火灾和爆炸情况、通过交通路线等）。

（5）调查技术发展，提高对可能影响结构安全的失效机制的理解。

（6）调查标准、法规和其他要求的更新。

为确保结构安全运行而进行的重要活动通常有：

（1）建立和更新外部环境：包括设计结构时使用的设计基础、法规和标准，这些内容是环境的一部分，共同构成结构安全基础的假设。

（2）按照限制和操作限制进行操作-建立必要的程序，并结合平台设计的初衷，如压载程序、海事人员能力等。

（3）维护有关结构的数据和信息，包括过去的检查和调查。

（4）对任何发现、变更等的影响进行工程评估。

（5）如果发现问题，可能需要对结构进行更详细的评估〔例如，根据相关标准（如 ISO 19902）触发评估〕。

（6）执行检查、维护、维修和其他调查计划。

（7）应急准备（见 2.4.5 节）和响应计划，以防发现影响结构的直接安全。

（8）评估 SIM 中的活动，以确定改进区域。

（9）与 SIM 相关活动的质量保证/质量控制。

2.4.3 结构完整性管理的演变

2.4.3.1 早期

在 20 世纪 70 年代和 80 年代的大部分时间里，石油工业中的离岸结构物是在不断发展的规范和标准的基础上设计的。在英国和挪威，早期的设计受到墨西哥湾的实践影响。从经验中发现，美国的做法没有适当考虑疲劳，而疲劳在北海的破坏性更大，由于疲劳裂纹在使用寿命早期发展，因此需要进行几次早期维修。

英国的 Sea Gem 和挪威水域的 Alexander L. Kielland 两个关键的结构事故要求监管机构审查实践并实施改进措施。检查计划通常以船舶规章制度中规定的常规间隔为基础，通常每五年检查一次重要的结构部分。传统的检查策略成本高昂，不一定针对最关键的结构。

离岸行业开始考虑更具成本效益和优化的检查策略。在 20 世纪 80 年代后期，概率结构分析或结构可靠性分析的方法得到了很好的发展，它们被用来确定采用基于风险的方法进行检查的必要性。这样做的想法是，构件或节点出现裂缝的概率可以通过结构可靠性分析来计算，而该特定构件或节点的失效后果可能是通过所谓的弹塑性分析，对该构件或接头拆除后的结构进行分析计算。有关这些方法的更多详细信息，请参见 4.4.4 节和 4.7 节。

2.4.3.2　将结构完整性管理引入标准

国际标准 ISO 19902 的制定始于 1993 年，在早期的草案中包含了关于 SIM 的内容。该标准于 2007 年首次发布，但在此期间，早期草案被用作 SIM 的基础。

该标准中的 SIM 考虑了多年来用于检查、监测、评估和评估离岸固定钢结构的所有问题和方法。识别出 SIM 的四个主要要素：

（1）数据管理。

（2）结构完整性的工程评估。

（3）检查策略。

（4）检查计划（检查的执行）。

此外，在工程评估（这是一个更定性的审查）之后，评估作为一种选择被引入。SIM 的要素如图 2.6 所示。

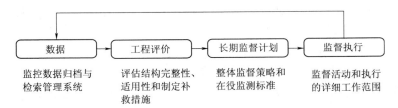

图 2.6　结构完整性管理周期（监督包括检查条件、确定荷载、审查文件等，
以确定可能影响结构安全的变更）

资料来源：ISO，19902

2.4.4　当前 SIM 方法

最近，离岸行业对结构和其他资产的完整性管理采用了重大危险方法，例如 NORSOK N‐005 和 ISO 19901‐9。基于重大事故危害的完整性管理依赖于典型的风险分析方法，试图了解结构所面临的危害，并确保此类危害不会导致重大事故。

例如，在英国和挪威的监管制度中，SIM 现行方法的基础是确定的。这些法规旨在控制与重大危险相关的风险。风险控制过程需要识别主要危害，确定可能导致的不必要事件，调查这些事件可能造成的后果，并建立适当的屏障，以防止危害变成不利后果。在设施的整个使用寿命内进行建设和维护。

具体包括确定如下内容：

（1）目标（安全结构、承受 10^{-4} 年概率水平的荷载、完整功能等）。

（2）可能妨碍实现目标的不必要事件（例如，整体结构失效/倒塌、结构的广泛变形或损坏，限制设施的功能、结构部件从结构上脱落等）。

（3）可能导致此类意外事件的发生。

（4）这些事件的后果。

（5）阻碍危险导致不必要事件或导致首选结果（屏障或 SCE）的因素。

重大危险和屏障管理监管制度的一个关键要素是对系统中重要屏障的活动进行优先排序，包括检查、维护和维修。

已根据 SIM 的原则发布了若干标准和报告，例如 HSE RR684（HSE，2009）。这些流程确定了许多在 SIM 中被视为良好实践的关键流程，以及适当的管理和文档结构。

现代 SIM 系统通常包括以下过程：

（1）SIM 政策。SIM 政策规定了工作人员对 SIM 的总体意图和方向，以及控制 SIM 相关流程和活动的框架。

（2）SIM 策略。根据 SIM 政策制定了责任人的资产完整性管理计划，并制定了验收标准。

（3）监控策略。制定变更识别计划的系统方法（例如，对结构进行在役检查以识别劣化、识别荷载变化、进行文件审查以识别标准、法规变更、工程方法变更等）。

（4）监测计划。根据监督战略制定的监督计划可以识别变化的详细工作范围。通常包括：

1）检查计划。为确定结构的当前状况和配置而进行的离岸检查活动的详细工作范围（见 5.2 节）。

2）负荷评估。执行识别装载变更所需活动的详细工作范围（重量监测、海洋气象监测和海洋气象报告更新等）。

3）文件审查。执行必要文件审查的工作范围，以识别工程方法的变化、有关荷载和强度、标准和要求的知识。

（5）结构评估。审查与上次评估时相比的结构当前状况，以及影响完整性和风险水平的其他参数，以确认是否满足结构完整性的验收标准。该过程旨在确定满足结构完整性验收标准所需的维修或维护。

（6）维修和修改。为保持结构安全而进行的必要缓解活动，通常基于结构评估的输出。

（7）信息管理。收集、交流和存储所有相关历史和操作文件、数据和信息的过程。

（8）审计和审查。审计是确认 SIM 按照 SIM 政策、战略和法规中规定的程序执行的过程。审查过程根据内部和外部经验以及行业最佳实践，评估如何改进 SIM 过程。

基于 NORSOKN - 005 和 ISO 19901 - 9 的 SIM 流程图如图 2.7 所示。完整性评估步骤取决于标准中经常给出的触发要素，如寿命延长。补偿措施是成功管理寿命延长的关键，可能包括加固、紧固、修理、锤击和其他几种延长本书所述寿命的方法。

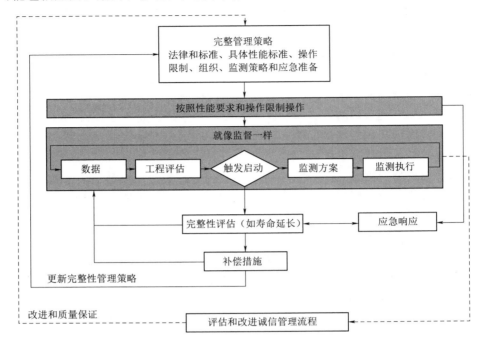

图 2.7　结构完整性管理流程图

这些标准和文件还对 SIM 过程中涉及的人员的能力提出了要求，例如 ISO 19902（ISO，2007）和 API RP 2SIM（API，2014b）。在这些标准中，涉及 SIM 的工程师或工程师组应做到以下几点：

（1）熟悉所考虑的特定平台的相关信息。

（2）了解水下腐蚀过程和预防。

（3）具有海洋结构工程经验。

（4）具有离岸检查规划经验。

（5）熟悉检查工具和技术的使用。

（6）了解离岸行业的通用检查问题。

此外，监察员的能力也包括在诸如 CSWIP（2018）、NOROG 和 NORDTEST（EN 473：2008；EN，2008）等计划中。在许多情况下，能力管理扩展到可能对 SIM 有直接影响的外部供应商。这些标准还规定了理解新结构设计和评估现有结构之间差异的能力要求。新结构的设计通常是根据现有的规范和标准进行的，没有安装时结构的实际行为信息。然而，现有结构应根据现行标准进行评估，同时考虑到设计中使用的原始标准，实际获取性能数据可行（测量、检查、试验，有时甚至是验证载荷试验）。

2.4.5　事件响应和应急准备

结构或海洋系统的损坏和故障可能会迅速升级，因此，对此类损坏和故障的响应需要以适当的紧急程度进行处理。诸如水密完整性损失、隔室意外淹没、系泊缆损失和动态定位（DP）故障等事件是可能需要紧急响应的例子。如果损坏或故障发生在一个冗余度很小的区域或构件上，即没有替代的荷载路径，结构完整性的损失也可能导致结构倒塌。

条例（HSE，2015；PSA，2016）通常要求运营商在正常情况下或可能发生的合理可预见情况下有足够的应急准备和应急计划。然而，很少有结构完整性和海洋系统完整性标准给出了详细的进一步指导。拟议的 API RP 2MIM（API，2018）是例外情况，其中附录 D 专门用于事故响应规划和系泊故障应急响应。

与结构和海洋系统工程师相关的应急准备的关键要素如下：

（1）了解需要通过应急准备程序/程序处理的结构和海洋系统情况。

（2）通知组织（离岸和陆上的专门应急恢复组织）。

（3）了解潜在紧急情况及其对结构和海洋系统的影响。

了解潜在紧急情况对结构和海洋系统的重要性是一个关键因素，为这些潜在紧急情况做好准备是很重要的。在紧急情况下模拟工程师最重要的作用通常是为响应小组提供必要的结构和海洋系统能力支持和评估等。需要结构和海洋系统援助的可能危险和意外情况是：

（1）火灾。

（2）爆炸。

（3）船舶碰撞。

（4）恶劣天气。

（5）稳定性失效（泄漏、误水、意外洪水等）。

（6）未能保持位置。

（7）关键结构元件失效。

（8）桩和土壤支撑失效。

为所有结构和海洋系统相关的所有类型的危险情况作准备是不现实的。然而，为一系列已知案例做好准备，并有一个有能力的支持团队，由结构和海洋系统方面的专家组成，对于为应急响应和恢复管理作出正确决策所需的最佳可用信息至关重要。

2.4.6 寿命延长中的 SIM

SIM 在使用寿命延长的过程中一直作为日常的操作设备维护程序的一部分来处理，而 SIM 没有正式承认为一项明确的活动。最近，在 HSE（英国）和 PSA（挪威）等监管机构的倡议下，人们更加关注结构的寿命延长问题。

在标准或法规中，通常需要考虑可预见的结构损坏、升级潜力和所有可能的情景。这需要将退化和劣化的识别纳入 SIM 系统和相关策略。

与寿命延长有关的 SIM 策略原理见表 2.2。

在制造阶段和操作阶段中可从检查中获得详细信息是老化装置和寿命延长的结构完整性评估的重要要求。但是，关于完整检查历史的信息并不总是可用的。第 5 章将进一步讨论结构检查。

结构评估是一个持续的过程，以确认证明结构完整性和相关风险水平的基础仍然有效。在更新仿真策略时，需要考虑并使用本次评估的结果和可能的附加评估，以及后续控制措施的影响。

表 2.2　　　　　　　　　　　影响寿命延长的 SIM 过程和相关问题

SIM 流程	影响生命延长的主要问题
SIM 战略	该战略应包括管理评估老化过程的方法以及将监测和检查要求与这些过程联系起来的必要性
监督计划	如果要增大寿命延长，可能需要进行更详细的监督和检查
结构评估	评估应考虑到原始设计要求（可能不如现代标准那么繁重），以及老化过程的后果（例如疲劳，腐蚀）
信息管理	这可能会受到原始设计、构造、安装和早期操作检查中关键数据丢失的影响

　　SIM 要求收集和存储大量信息。为此，业主通常已安装了计算机系统。但是，旧平台的数据并不总是可用的，例如所有权变更后的数据。缺乏数据需要在评估阶段进行仔细的处理，并可能在分析中使用高于正常的安全系数。

书目注释

　　2.2.1 节和 2.2.2 节基于 ERSDAL（2014）。2.2.3 节部分基于 HSG 65（HSE，2013），部分基于 ERSDAL（2017）。

参考文献

Adams，J. R.（1967）. Inquiry into the Causes of the Accident to the Drilling Rig Sea Gem. The Ministry of Power，HMSO，London.

API.（1969）. RP 2A Recommended Practice for Planning，design and constructing fixed offshore platforms. API Recommended Practice 2A，1e. American Petroleum Institute.

API.（1972）. API RP 2A Recommended Practice for Planning，design and constructing fixed offshore platforms. API Recommended Practice 2A，4e. American Petroleum Institute.

API.（1977）. API RP 2A Recommended Practice for Planning，design and constructing fixed offshore platforms. API Recommended Practice 2A，9e. American Petroleum Institute.

API.（1982）. API RP 2A Recommended Practice for Planning，design and constructing fixed offshore platforms. API Recommended Practice 2A，13e. American Petroleum Institute.

API.（1993）. API RP 2A-LRFD Recommended Practice for Planning，design and constructing fixed offshore platforms. API Recommended Practice 2A，20e. American Petroleum Institute.

API.（2000）. API RP 2A Recommended Practice for Planning，design and constructing fixed offshore platforms. API Recommended Practice 2A，21e. American Petroleum Institute.

API.（2011）. API RP 2FPS Recommended Practice for Planning，Designing and Constructing Floating Production Systems. American Petroleum Institute.

API.（2014a）. API RP 2A Recommended Practice for Planning，design and constructing fixed offshore platforms. API Recommended Practice 2A，22e. American Petroleum Institute.

API.（2014b）. API RP 2SIM Recommended Practice for Structural Integrity Management of Fixed Offshore Structures. American Petroleum Institute.

API.（2018）. API RP 2MIM Mooring Integrity Management – Draft. American Petroleum Institute.

BSI.（2008）. PAS55 Asset Management. British Standardisation Institute Chakrabarty，J.（1987）. *Theory of*

Plasticity. New York: McGraw-Hill International.

Crisfield, M. A. (1996). *Non-linear Finite Element Analysis of Solids and Structures*. Chichester: Wiley.

CSWIP. (2018). Certification scheme for personnel compliance through competence. www. cswip. com (accessed 5 April 2018).

Department of Energy. (1977). First edition Guidance Notes for the Design and Construction of Offshore Structures. Department of Energy.

Department of Energy. (1984). Third edition Guidance Notes for the Design and Construction of Offshore Structures. Department of Energy.

Department of Energy. (1987). Department Of Energy United Kingdom Offshore Research Project-Phase Ⅱ (UKOSRP Ⅱ) Summary Report. HMSO, OTH – 87 – 265.

DNVGL. (2016). DNVGL-RP-C208 Determination of structural capacity by non – linear finite element analysis methods. DNVGL, Høvik, Norway.

EN. (2002). EN 1990: 2002 Eurocode-Basis of structural design. European Standards, Brussels, Belgium.

EN. (2008). EN 473: 2008 Qualification and certification of NDT personnel – General principles. European Standard.

Ersdal, G. (2014). Safety of structures. Compendium at the University of Stavanger.

Ersdal, G. (2017). Safety barriers in structural and marine engineering. Invited paper for the symposium honoring Torgeir Moan. *Proceedings of OMAE* 2017. Trondheim, Norway.

EU. (2013). Directive 2013/30/EU on the European Parliament and of the Council of 12 June 2013 on safety of offshore oil and gas operations, European Union.

HSE (1990), HSE Guidance). *Offshore Installation: Guidance on Design, Construction and Certification*, 4e. London, UK: Health and Safety Executive (HSE).

HSE. (1996). The Offshore Installations and Wells (Design and Construction, etc.) Regulations 1996. Health and Safety Executive (HSE), London, UK.

HSE. (2005). HSE Offshore Installations (Safety Case) Regulation 2005, SI3117, Health and Safety Executive (HSE), London, UK.

HSE. (2007). Ageing semi-submersible installations – HSE Information sheet 5/2007, Health and Safety Executive (HSE), London, UK.

HSE. (2009). RR684 – Structural integrity management framework for fixed jacket structures, Health and Safety Executive (HSE), London, UK.

HSE. (2013). HSG 65 Managing for health and safety, Health and Safety Executive (HSE), London, UK.

HSE. (2015). HSE Offshore Installations (Offshore Safety Directive) (Safety Case etc.) Regulation 2015, SI398, Health and Safety Executive (HSE), London, UK.

IOGP. (2008). Asset Integrity – The Key to Managing Major Incident Risks. International Organisation of Oil & Gas Producers, London.

ISO. (1998). ISO 2394: 1998 General principles on reliability for structures, International Standardisation Organisation.

ISO. (2006a). ISO 19903: 2006 Petroleum and natural gas industries – Fixed concrete offshore structures, International Standardisation Organisation.

ISO. (2006b). ISO 19904: 2006 Petroleum and natural gas industries – Floating offshore structures, International Standardisation Organisation.

ISO. (2007). ISO 19902 Petroleum and natural gas industries – Fixed steel offshore structures,

International Standardisation Organisation.

ISO. (2013a). ISO/DIS 2394：2013 General principles on reliability for structures，International Standardisation Organisation.

ISO. (2013b). ISO 19900：2013 Petroleum and natural gas industries – General requirements for offshore structures，International Standardisation Organisation.

ISO. (2014). ISO 55001 Asset management – Management systems-Requirements，International Standardisation Organisation.

ISO. (2016). ISO 19905：2016 Petroleum and natural gas industries-Site-specific assessment of mobile offshore units，International Standardisation Organisation.

ISO. (2017). ISO/DIS 19901 – 9：2017 Structural Integrity Management，International Standardisation Organisation.

Moan，T. (1981). The Alexander L. Kielland accident. *Proceedings from the first Robert Bruce Wallace Lecture*，Massachusetts Institute of Technology，Cambridge，MA，USA.

Moan，T. (1983). Safety of offshore structures. In：*Proceedings of the 4th ICASP Conference*. Florence：Pitagora Editrice.

Moan，T. (1993). Reliability and Risk Analysis for Design and Operations Planning for Offshore Structures. Keynote lecture，ICOSSAR，Innsbruck，Austria (9 – 13 August 1993).

Moan，T. (1998). Target levels for reliability – based reassessment of offshore structures. In：*Proceedings of ICOSSAR*. A. A. Balkema.

NMA (2016). Regulations for Mobile Offshore Units. Haugesund，Norway：Norwegian Maritime Authority.

NOROG. (2017). NOROG GL 122 Norwegian Oil and Gas Recommended Guidelines for the Management of Life Extension，Stavanger，Norway.

NPD (1977). *Acts，Regulations and Provisions for the Petroleum Activities*. Stavanger，Norway：Norwegian Petroleum Directorate.

NPD (1984). *Acts，Regulations and Provisions for the Petroleum Activities*. Stavanger，Norway：Norwegian Petroleum Directorate.

NPD (1992). *Acts，Regulations and Provisions for the Petroleum Activities*. Stavanger，Norway：Norwegian Petroleum Directorate.

NPD (2002). *Framework，Management，Facilities and Activities Regulations*. Stavanger，Norway：Norwegian Petroleum Directorate.

PMB Engineering (1993). *Hurricane Andrew – Effects on Offshore Platforms – Joint Industry Project*. San Fransisco，CA：PMB Engineering，Inc.

PSA (2004). *Framework，Management，Facilities and Activities Regulations*. Stavanger，Norway：Petroleum Safety Authority.

PSA (2016). *Framework，Management，Facilities and Activities Regulations*. Stavanger，Norway：Petroleum Safety Authority.

Sharp，J.，Ersdal，G.，and Galbraith，D. (2015). Meaningful and leading structural integrity KPIs. SPE Offshore Europe Conference，Aberdeen，Scotland (8 – 11 September 2015).

Skallerud，B. and Amdahl，J. (2002). *Nonlinear Analysis of Offshore Structures*. Baldock：Research Studies Press Ltd.

Søreide，T. H. (1981). *Ultimate Load Analysis of Marine Structures*. Trondheim，Norway：Tapir Forlag.

Søreide，T. H.，Moan，T.，Amdahl，J. and Taby，J (1982). Analysis of Ship/Platform Impacts. Third International Conference on the Behaviour of Offshore Structures，Massachusetts Institute of

Technology，Boston，MA (2 – 5 August 1982).

Standard Norge. (2012). NORSOK N – 001：Integrity of offshore structures. Rev. 8. Standard Norge，Lysaker，Norway.

Standard Norge. (2015). NORSOK N – 006 Assessment of structural integrity for existing offshore load – bearing structures. 1e. Standard Norge，Lysaker，Norway.

Standard Norge. (2017a). NORSOK N – 003：Actions and action effects，3e. Standard Norge，Lysaker，Norway.

Standard Norge. (2017b). NORSOK N – 005 In-service integrity management of structures and maritime systems. 2e. Standard Norge，Lysaker，Norway.

第3章 老化因素

变化是生命的法则。   John F. Kennedy

智慧是适应变化的能力。   Stephen Hawking

对人类来说，没有什么比突然发生的巨大变化更痛苦了。

Mary Wollstonecraft Shelley，Frankenstein

3.1 简介

自建造之始，结构就在发生变化。必须对这些变化进行管控，以确保结构足够安全。有些变化，如疲劳、腐蚀、材料劣化、结构负荷和重量变化以及结构使用方式，会直接影响结构及其安全性。

除了本身变化之外，结构运行负荷和环境会随着时间发生变化。而且，结构的使用方式可能会逐年改变，这也将改变结构运行的荷载、环境以及可能的设施配置。

结构的已知信息，比如从结构设计和检查中获得的信息，将发生变化。此外，物理理论、数学建模以及用于分析结构的工程方法可能会随着新现象的发现而发生变化。

最后，离岸结构物评估也会受到社会变化和技术发展影响。例如，考虑到旧设备过时、能力不足及零件可用性等因素，离岸结构物的要求也会发生变化。

这些改变可以分为四种不同类型：

（1）结构和系统本身的物理变化，它们的使用以及它们所处的环境（状态、配置、负载和风险）。

（2）结构和系统的结构信息变更（通过检查以及在设计、制造、安装和使用遗漏的信息当中收集更多关于结构及状态信息）。

（3）知识和安全需求的变更。通过用于分析结构的模型和方法以及结构的安全预期水平来调整对物理现象的理解。

（4）技术的变化，这可能导致原始结构中使用设备和控制系统过时、备件不可用以及现有的和新的设备与系统之间兼容难度增大。

这些变化如图3.1所示。图3.1中表明物理变化和技术变革直接影响结构安全和功能，而结构信息变更、知识变更（工程方法和物理理论）和安全需求的变更从根本上改变了人们对于结构安全性和功能性的理解。同时，图3.1还指出物理变化和结构信息的变更仅适用于一个特定结构，而技术变革、知识和安全需求的变更是社会和技术发展的结果，适用于所有结构。

老化因素可以通过多种方式分类说明。首先需要区分直接对结构安全性和功能性造成

影响的改变（图 3.1 中上部两个框）和
主要对结构安全性理解产生影响的改变
之间的不同（图 3.1 中下部两个框）。结
构的物理变化将直接影响其安全性，虽
然丢失结构的所有信息（设计报告、图
纸、检查结果等）实际上不会改变结构
的安全性，但很难证明结构是否足够安
全。同样，对结构强度改进的全新理解，
例如，新的联合承载力公式，仅会改变
对结构安全性的理解。

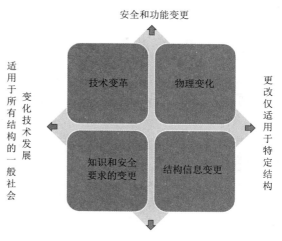

图 3.1 结构老化的四个主要元素

压载的计算机和管控系统、停泊系
统及其稳定性等技术解决方案和设备将
会快速持续更新。设计旧结构时使用的
计算机和控制系统在许多情况下已经过

时了，所以如果需要新部件，通常会存在缺少更换部件的问题，还可能出现兼容性问题。
在油漆系统、防腐系统和维修技术等方面的发展可以改善结构性能。所有这些问题在本书
中都被称为技术变革。当一个对象、一项服务或一个习惯无法满足需求时，即使它仍然处
于良好工作状态，但依然过时了。通常，有技术改进时，如果管理不当，使用新技术代替
旧技术将直接影响结构安全性。

其次需要区分适用于一种特定结构的改变（图 3.1 中右侧两个框）和由于社会外部环
境影响适用于所有结构改变之间的不同（图 3.1 中左侧两个框）。

在其他文献中，类似的变化类型分为物理变化和非物理变化（Wintle，2010）。这是
一种查看这些改变类型非常有效的方法，但识别此类变化的准则较少。在其他文献（ES-
REDA，2006）中，老化变化分为：①退化；②过时；③组织改变。这是使用最广泛地描
述老化变化的方法，但它缺少许多重要变化（如除退化以外其他物理变化、结构信息变化
以及知识变化和安全需求变化）。组织改变的含义也不清楚。

3.1.1 物理变化

最容易检测到的结构变化是可见变化，如由于疲劳和蠕变、凹痕和意外事件造成的损
坏引起腐蚀和开裂。一般来说，在结构老化时，大多数人首先想到的变化类型就是结构的
物理变化。

结构的使用、荷载和环境也会发生物理变化。例如，管道内腐蚀性环境的变化以及结
构的荷载和风险变化。增加新的模块和设备可能相对容易管理，但较重要的库存可能发生
同样重要的变化，往往更难识别。由于沉降、倾斜、不均匀沉降和下陷引起力的变化可能
更难检测。所有这些变化都是物理改变，因为它们会导致结构条件、配置或荷载发生物理
改变。任何此类物理变化都将导致需要通过对荷载、结构强度和安全性的全新分析来再次
评估结构。

物理变化以及如何管理这些变化是本章的核心内容，物理变化将在第 3.2～3.7 节中

进一步讨论。

3.1.2　结构信息变更

要保证现有结构的安全，物理变化绝不是唯一的挑战。有关实际结构信息、结构荷载、它们可能遭受的风险以及强度也会发生变化。这并不能从物理上改变结构，但它确实改变了人们感知结构安全的方式。

结构设计、制造、安装/设置和操作等知识对于保持结构完整性至关重要，例如了解如下内容：

（1）结构设计荷载；

（2）设计结构所依据的船底附生物范围；

（3）使用材料类型（强度、延展性、腐蚀敏感性和其他降解机制等）；

（4）结构哪些部分已经检查过；

（5）发现裂缝和腐蚀位置；

（6）结构哪些构件受损；

（7）结构已修复的位置；

（8）制造过程中进行补焊的位置。

随着时间的推移，负责管理结构完整性的人员可能已经退休、升职或离开公司。这些信息档案可能已经丢失或无法使用等。因此，有关结构的重要信息可能会丢失。在某些情况下，关于设备的信息可能从未存在过。

在理想条件下，有一个保存良好的数据库，其中包含设计、制造、安装和使用等方面信息。它将收集越来越多有关结构及其性能的信息，通常来自检查、监测（例如加速度计）、更新的荷载图、更新的海洋气象假设和使用结构的实际经验。

实际情况是，这些数据中一些或大部分经常缺失。这使得对结构安全性的理解程度降低，并可能使如何检查、维修或修改结构的决策更加困难。因此，很难评估结构是否可以安全地进一步使用。有关结构及材料完好可用的数据增强了人们对结构强度、安全性的信心。缺乏此类数据使得不确定性增加，降低了人们对结构安全的信心。

负责结构完整性的组织机构应能够关注评估和记录结构或系统安全所需的能力、信息和数据。应采取必要的转交措施，以应对重组、退休和所有权变更，以确保知识延续。此外，改变信息存储方式，以确保信息未来可用。

3.1.3　知识和安全需求变更

随着科学和技术的发展，用于结构分析和评估的工程方法也得到发展。通常，这些发展为结构分析提供了更先进的方法，可用于显示结构安全性的改善。同时，也能发现有些现有结构存在的不安全现象。

一个例子是，在塔科马大桥因风致振动而发生故障后，桥梁工程师对其负责的桥梁进行了评估。在这些评估中，他们发现如果桥梁容易受到风致振动的影响，那么桥梁的安全性并没有直接改变，而是对桥梁安全性的理解改变了。另一个例子是，这类变化更新了在离岸工业中获得的波高和波峰高度认识。波高和波峰高度可能会影响结构安全性。

还有一个有趣的例子是，这种老化过程与浮动生产、储存和卸载单元（FPSOs）有关。1998 年，FPSOs 是关于挪威大陆架的相对较新的概念。新概念往往会遇到设计中没有预料到的新现象。

FPSOs 遇到的一个新现象是所谓的"绿水现象"（Green Water Phenomenon）即船头和船侧被波浪过度冲刷（Over–running），从而对 FPSOs 甲板上的设备上产生显著（和意料之外）的波浪荷载。尽管绿水是商业航运中的一种已知现象，但这种现象出乎第一批浮式储油船设计者的意料。在天气恶劣的季节（主要是冬季），为减少绿水现象而采取的措施通常被称为绿水墙，绿水墙沿 FPSOs 的一侧布置，而且也对吃水深度和纵倾（Trim）进行了操作限制（导致对油罐最大填充水平的要求）。这些操作限制是相对成功的，然而对经济和收入有所影响，因此，此类限制都将处于主管人员强有力的监督之下，并证明、解释这些限制存在的合理性，否则，这些限制将随着时间的推移而消失。

社会在不断发展，许多年前被公认为足够安全的事物可能不再被视为足够安全。为了调查事故和识别新现象，标准通常会更新，随着社会的发展，它们通常会变得更加注重安全，而且往往更加规避风险。改变所需安全水平标准的一个关键是事故经验。英国近海行业在发生 Piper Alpha 事故后，监管条例和需求发生了巨大变化。作为安全条例的一部分，引入了基于风险的法规，并要求每五年进行广泛的风险分析。在 Piper Alpha 事故之前，社会不接受离岸行业的安全水平标准。

这些改变不会直接影响结构安全性，但会明显改变人们理解结构安全性的方式。从某种程度上讲，它们会影响结构是否足够安全的决定。

3.1.4 技术变革

随着备件的可用性有限、现有系统的兼容性不好以及缺乏维修，技术发展可能导致系统过时、淘汰，这种类型的老化改变与浮式结构物中的海洋系统密切相关，但与结构物本身的变化、老化关系不大。

据说运行时间最长的船用发动机之一是 35 年的 MS Lofoten（NRK，2017）柴油发动机。据称这台发动机已经运转了近 30 万小时，该船已经航行了相当于去月球 9 个来回的距离。发动机长期运转的关键是对其进行集中、系统的保养。然而，现在发动机的备件必须是手工制作的，因为没有相应备件。

类似地，随着技术在某时间点可以被应用，结构在该时间点被设计、建模、制造和安装/设置。与知识一起，技术将随着研究、发展以及行业需求而进步（例如新型压载和稳定控制系统）。

标准、法规和设计的结合将成为这一改进技术的最佳实例。随着技术进步的积累，新老技术之间的差距将增大。最终在某种程度上，这一差距可能会变得显著，即原始技术可能被视为不安全的（例如在汽车中引入安全带）。此外，技术将得到发展，新型设备会被引入。此类设备的老式备件可能会停止生产，因此获得这些备件就很难或不可能。此外，旧设备和新开发设备之间的兼容性可能变差或不可兼容。因此，基于技术的老化可被定义为基于过时技术对结构的影响。

值得庆幸的是，对于评估旧结构的工程师而言，大多数早期离岸结构都相对保守。当评估旧结构的使用寿命时，对外部材料（主要是钢和混凝土）有益且通常是至关重要的。此外，有关结构的数据、测量、检查结果和其他信息对评估当前结构的安全性非常有用。

本书中使用四种变化的典型示例如图 3.2 所示。

物理变化见 3.2～3.7 节，随后简要概述 3.8 节中的非物理变化。

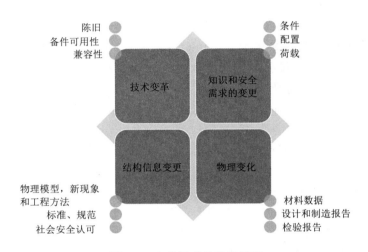

图 3.2　老化因素的举例说明

3.2　材料物理退化机理概述

退化：事物被破坏或变差的过程

恶化：逐渐变差的情况或过程。

牛津学习者词典

退化和恶化有一个共同的含义，但在本书中，退化主要是指作为一个过程中的东西被损坏或恶化的过程（牛津学习者词典）。退化机制可导致金属损失（如均匀或局部侵蚀）、开裂或材料性能变化（如脆性增加）。此外，冲击造成的损伤、温度膨胀/收缩和压力快速变化产生的高荷载可能会使材料更容易受到退化机制的影响（例如，冲击损伤产生的凹痕可能形成初始裂纹，从而导致疲劳裂纹的发生），也可能导致结构或结构部件的几何变形。

给各种劣化机制将导致哪种类型的劣化下定义是不可能的。表 3.1 给出了一个整体概念。

3.3～3.5 节描述了由于腐蚀、疲劳开裂、磨损和撕裂造成的金属损失和壁厚减薄。

表 3.1　　　　　　　　　　　　　　　　材料与效果的降解机制

影响	金属损失/壁减薄	破解	材料属性的更改	几何变化
降解机制	腐蚀（化学） ——概述 ——点蚀 ——裂缝 ——绝缘腐蚀 ——原电池 ——应力腐蚀 开裂 ——细菌 流动引起的金属损失（机械） ——固体侵蚀 磨损	疲劳 氢脆 ——浮泡 ——HE ——应力腐蚀开裂 蠕变	氢脆 硬化 起载 ——累积塑性变形 环境恶化 ——暴露期 ——温度 ——细菌	撞击造成的凹痕 弯曲（偏离） 永久塑性变形 腐蚀

3.3　材料退化

3.3.1　简介

离岸设施设计阶段材料选择需要考虑几个因素，如满足结构的强度、温度、疲劳和耐久性要求。作为操作性能和研究的结果，大多数用于离岸结构物的材料特性已经被很好地理解。然而，所采用的高强度钢疲劳性能，例如屈服强度超过 600MPa 的自升式平台支腿，仍然不为人所知（HSE，2003）。当设计较旧的结构时，在知识方面存在重大差距，如下：

（1）大型型钢的厚度特性；

（2）大型管状接头和混凝土结构在海水中的疲劳性能；

（3）深水区钢筋混凝土的长期性能；

（4）超长预应力管道的灌浆。

老化导致的劣化机制有很多；主要有腐蚀、疲劳、磨损和侵蚀，本节将介绍这些机制。

3.3.2　钢结构类型物理退化概况

导管架结构和浮式结构主要退化问题分别见表 3.2 和表 3.3。Norsok N - 005（挪威标准，2017b）和英国石油天然气公司的指导文件（O&GUK，2014）提供了与老化浮式装置寿命延长和完整性管理相关的详细信息。所涉及的主题包括：

（1）船体结构完整性；

（2）船体水密完整性；

（3）船舶系统完整性，包括压载系统、控制系统、货物系统，惰性气体系统和船舶公用设施（泵、发电机等）；

（4）工作站保持完整性。

此信息是本书的有益补充，为浮动装置的使用寿命和完整性管理提供了更详细和高度相关的内容。

表 3.2　　　　　　　　　　导管架结构物的主要退化问题

导管架结构元件	特定于这些元素的降解
导管架结构的主要承重构件	疲劳是主要承重结构最重要的退化机制（因为它必须承受循环载荷，特别是来自波浪）； 腐蚀将是子结构的典型问题，通常涉及阴极保护和涂层船舶碰撞丢弃的物体
导线导向架	疲劳损坏是浸没式导体引导框架最突出的退化机制，特别是考虑到平面外载荷； 对于浪溅区内或浪溅区上方的导体引导框架，腐蚀将是主要问题
桩（基础）	服务疲劳和打桩时的疲劳
桩套筒连接	疲劳； 水泥浆的降解

表 3.3　　　　　　　　　　浮动结构中的主要退化问题

浮动结构元素	特定于这些元素的降解
船体结构完整性	疲劳是主要承重结构的最重要问题，因为它必须承受循环载荷，特别是来自波浪； 对于压载舱和货舱以及外表面，腐蚀将是典型的问题，通常涉及阴极保护和涂层； 船舶碰撞； 丢弃的物体
水密完整性	磨损和腐蚀
门，舱口盖，减震器等； 海洋系统	磨损和腐蚀
压载，控制和货物系统，惰性气体系统和船舶设施（泵，发电机等）	
车站保持完整	疲劳 磨损 腐蚀

HSE（2017）对系泊系统的物理退化和检查方法进行了广泛研究。综合研究了影响系泊链完整性的重要因素。

表 3.4 给出了上部结构的主要退化问题。

表 3.4　　　　　　　　　　上部结构的主要退化问题

上部构件	特定于这些元素的降解
甲板结构的主要承重构件（主框架、甲板梁、综合甲板的主要结构等）	腐蚀是整个上部结构的典型问题； 疲劳是主要承重结构的一个重要问题，因为它必须承受下部结构的运动和发电机、工艺设备等的振动
燃烧臂	由于湍流和涡旋脱落，风将引起循环加载。结果，疲劳可能是重要的退化机制； 此外，主结构的运动将引起燃烧臂的加速，这也会产生循环疲劳载荷

上部构件	特定于这些元素的降解
直升机平台	类似于燃烧臂，风会引起疲劳退化； 直升机着陆也可能引起循环加载
井架	由于与燃烧臂爆炸相同的原因，疲劳退化是相关的。钻孔的旋转运动还将引起井架上的负载，该负载可以是循环的； 此外，主结构的运动将引起井架的加速，这也将产生循环疲劳载荷； 然而，井架的主要问题是井架通常使用螺栓连接构造。这些螺栓在循环加载下易于松动和失效
起重机	起重机上的主要循环加载是由于提升操作，但是在这里风也可能引起一些循环加载
立管，导体和沉箱的支撑结构*	在浮动结构上，这是一个主要问题，因为立管阳台必须将主结构的运动转移到立管，引起循环加载和潜在的疲劳； 在固定式结构中，需要包含立管，导体和沉箱本身的运动更多。这也会产生循环疲劳载荷
模块的承重结构	甲板的运动和变形将引起循环应力进入模块的承载结构。对于船形平台上的模块，这种应力最为突出
支持安全关键物品，如临时避难所，生活区等	腐蚀和疲劳类似于甲板结构的主要承重部分

* 本书不包括立管、导体和沉箱的完整性管理。

3.3.3 钢材退化

3.3.3.1 塑性变形硬化

当一个构件或一个区域内的总应力超过弹性范围或者超过局部塑性变形时，结构中会出现明显的塑性变形和塑性应力-应变行为。反复的塑性循环可导致材料硬化或软化。循环硬化会增加抗静态失效的能力。循环硬化导致峰值应变随循环次数的增加而减小，而循环软化导致应变范围的增加，最终导致断裂。

暴露于海洋环境中的荷载会导致这些塑性变形区域的材料发生塑性循环。循环荷载下的塑性变形会引起疲劳裂纹的形核，从而引起裂纹的萌生和扩展。

许多旧平台的接头和构件使用过度，这是因为其设计标准不那么严格，对荷载和强度行为的了解也比现在少。此外，随着时间的推移，增加的上部结构荷载和环境荷载的变化将共同导致接头和构件的过度使用。

有关循环塑性行为的进一步信息，参见 DNVGL（2016b）。

3.3.3.2 氢脆

氢脆（HE）或氢致应力开裂（HISC）是氢原子进入金属的结果。当这些氢原子在金属基体的空隙中重新组合形成氢分子时，从空腔内部产生压力，这种压力会使延展性和拉伸强度降低到裂纹张开的程度。在海洋环境中，钢中氢的主要来源是腐蚀和阴极保护（CP）。如果在焊接过程中不采取足够的措施，例如通过使用预热和干燥消耗品，焊接也可能导致高氢含量。研究表明，海洋环境中钢对氢的吸收受 CP 和硫酸盐还原菌（SRB）的联合作用的强烈影响（Robinson，Kilgallon，1994；HSE，1998），CP 在钢表面产生氢，SRB 产生的生物硫化物促进了 CP 对氢的吸收。与腐蚀疲劳相比，氢脆是离岸结构物中较不常见的失效模式，于 20 世纪 80 年代后期（HSE，1991）被发现，是在英国大陆架（UKCS）上运行的自升式钻井平台的支腿弦和开钻罐开裂的原因。开裂的发现引起了离岸工业界相当大的关注，并启动了一项重要的研究计划，以了解氢脆的影响，特别是在阴极保护电位为强负的情况下，比如离岸环境下可能发生的情况。研究表明，高强度海洋结构钢在极负阴极电位过负时可能发生氢致开裂。这导致能源部（现为健康与安全部）提供有关在脆弱情况下限制离岸高强度钢阴极保护电位指南，建议将阴极保护电位限制在最大负值−850mVAg/AgCl。但实践中很难实现这一点，如下所述。应评估离岸使用的钢是否容易发生氢开裂，该指南包含在《健康、安全与环境指南》（HSE，1995）第 33 节中。

与低强度钢相比，高强度钢在离岸平台施工中应用越来越广泛，因为与低强度钢相比，高强度钢可显著减轻重量。目前，屈服强度在 550～690MPa 内的钢材被用于各种海洋场景中，特别是在自升式平台的支腿上。如上所述，使用高强度钢的一个缺点是增加了发生静载荷的可能性。

通常人们认为，HE 的敏感性随着钢的强度而增加，通常做法是根据某一等级钢的强度或硬度来评估发生 HE 的可能性。对于特定等级钢，这些参数可以提供一个重要的指标，表明它的 HE 易感性。淬火和回火（Q&T）钢和控制轧制（CR）钢具有相同的强度和硬度，但它们具有不同的显微组织和敏感性。然而，研究表明，当把不同等级的钢放在一起考虑时，强度或硬度往往与磁化率之间的相关性很差。结果表明，材料的磁化率对微观结构特性比材料强度水平更为敏感。

有许多方法可以达到特定钢材的实际强度水平。建议单独考虑每种钢材，并在验收使用前进行彻底测试，尤其是在可能导致充氢的关键位置和情况下。对于用于建造固定自升式平台的钢材而言，这一点尤为重要，并且更难进行检查。应充分考虑阴极保护充氢的影响，特别是在可能发生过度保护的情况下。这可以通过使用限电位二极管或牺牲低电位阳极来减轻。然而，在实践中，这两种方法都有局限性。

通过控制成分和微观结构，已生产出一些现代近海钢，其氢脆敏感性与 BS4360 50D 级钢一样低，仅在较高强度的基础上远远低于预期。

海水中钢的 HE 敏感性经常用慢应变率试验（SSRT）来评估，因为它是一种相对快速的比较方法。然而，SSRT 是一种严格的试验（失效），并不能准确地代表离岸发现的条件。因此要认识到技术的局限性，因为可能会出现错误的结果。例如，当测试焊接试样时，大多数应变有时优先出现在微观结构最软的部分。这会导致该区域失效，而实际上，他通常出现在焊缝最硬的区域。

对于具有高强度钢的老化结构，需要考虑其历史，尤其是阴极过度保护的历史，以评估由于 HE 和任何强度损失而可能发生的退化，从而降低完整性。高强度钢的类型及其对 HE 的敏感性也是评估氢脆后果的重要因素。

3.3.3.3 侵蚀

侵蚀可定义为由于固体颗粒、液滴或气泡内爆（气蚀）的许多单独影响而对表面材料的物理去除。侵蚀是一种依赖时间的退化机制，但有时会导致非常迅速的失效。在其最温和的形式中，侵蚀性磨损表现为对上游表面、弯曲或其他水流偏转结构的轻微抛光。在最坏的情况下，可能会发生大规模的物质损失。

3.3.3.4 磨损

据观察，磨损导致系泊链和导缆器严重退化。由于链节表面的摩擦，有时会在短时间内（几个月）发生重大材料损失。由于系泊链节横截面积变得太小，无法承受施加的载荷，因此随后会出现承载能力损失。磨损示例如图 3.3 所示。这表明，系泊部件容易在不同位置出现疲劳裂纹，包括闪光焊和夹持区或夹持区附近，以及腐蚀和刨削。

图 3.3 链节的磨损（未知来源）

系泊链的其他失效机制包括腐蚀、严重环境载荷引起的过度张力、操作过程中的损坏、检查和落物、与海床的磨损和腐蚀。

3.3.4 混凝土劣化

3.3.4.1 老化结构中的混凝土强度

一般来说，混凝土抗压强度随着水化作用的时间而增加。然而，混凝土离岸结构物引入了新的问题，特别是深水浸泡对强度的长期影响。最初，当混凝土浸入海水深处时，随着内部孔隙压力的产生，会有一个初始有利的预应力效应。这种孔隙压力在混凝土中形成，因为它是一种多孔材料，水可以进入孔隙结构。孔隙压力产生所需的时间取决于混凝土的渗透性，而渗透性通常与强度有关。裂缝的存在也减少了产生内部孔隙压力的时间。对于典型的离岸装置，内部孔隙压力将在老化结构中充分增加。

关于深浸水对混凝土强度影响的研究成果是有限的。英国"海洋混凝土计划"在苏格兰林恩湖的深水（140m）中暴露了一些立方体和圆柱体。将其强度与实验室中在浅淡水下维持相同时间的对照立方体进行比较。短时间浸泡一年后，两组结果相似，但经过 2.5 年的深度浸泡后，立方体的强度与对照立方体明显不同。对照立方体的强度要么保持不变，要么略有提高，但深度暴露的立方体强度损失较小（与对照立方体相比）。由于从对照立方体和深水立方体移出后的测试时间存在差异，在测试之前，深水样品中的内部孔隙压力有可能没有释放出来。然而，从暴露在深度处的圆柱体薄片显示出内部微裂纹，特别是粗集料颗粒边缘的微裂纹，这可能说明了强度损失很小的原因。

深水浸泡后的强度损失已通过其他试验（Haynes，Highberg，1979）得到证实，该试验涉及在长达 1500m 的深度下进行 6 年试验的样品。典型的强度损失约为 10%。Clayton（1986）进行的其他试验证实，在将混凝土加压至等效深度 6000m，仅 6 天的短时间内，其抗压强度损失为 10%～15%。这些试验还表明，在该压力下，拉伸强度几乎完全丧失，这可能与深水混凝土的开裂行为有关。但是，还没有对受压混凝土进行强度试验。

其他工作（Hove，Jakobson，1998）回顾了几个孔隙压力影响的试验系列，得出结论认为影响很小，并注意到许多试验都是使用以前加压的样品进行的，但测试是在大气压下进行的。

因此，一些早期的离岸混凝土结构的强度降低了 10%。随后的研究表明，孔隙压力对抗压强度和拉伸强度均无显著影响。然而，微观试验表明，在集料颗粒周围出现一些内部裂缝，这表明，在这些试验中，性能明显恶化。然而，如上所述，这些试验是在大气压下进行的。

对于长期深度暴露的老化结构，没有可用的试验结果来衡量它。但是，抗压强度损失 10%～15% 不太重要，除非有其他问题，如原混凝土不符合其设计规范。

3.3.4.2 概述

混凝土是天然碱性的，因为混合水和硅酸盐水泥颗粒之间的反应会产生几种氢氧化物。这种碱性环境对于保护钢筋免受腐蚀很重要（见 3.4.5 节）。下面讨论这种碱度的损失会在几个老化过程中发生，包括氯化物的进入和硫酸盐侵蚀。

表 3.5 显示了混凝土离岸结构的主要部分与适用于这些部位的主要降解机制之间的相关性。然而，分析表明，在离岸结构物支腿发生重大结构强度损失之前，会发生重大损坏（海洋结构物，2009）。

离岸混凝土通常质量非常高（如低水灰比），其外层钢筋（通常在浪溅区为 70mm，在水下为 45mm），对海水的渗透性有限，并进行后张以限制开裂。这种渗透性可以通过形成薄的保护层（水镁石和文石，见下文）来增强。

表 3.5　　　　混凝土结构部件的劣化机制 (Ocean Structures, 2009)

恶化机制	腿/塔/轴-一般	浪溅区	舱	钢筋混凝土过渡	轴/基座连接处	存储单元	基础
化学变质	×	×			×	×	
钢筋的腐蚀	×	×			×	×	
预应力筋的腐蚀	×	×			×	×	
疲劳			×	×	×		
船舶影响	×	×					
丢弃的物体						×	
细菌降解	×	×			×	×	
热效应					×	×	
失去压力控制					×	×	
空气间隙损失							
冲刷和沉降							×

注　"×" 表示受该因素影响。

在一些非离岸混凝土结构中，有碱—集料反应证据。其中胶凝材料的碱性质导致其与混凝土混合料中使用的集料发生反应。这使得混凝土局部损坏甚至丧失完整性。只有某些集料会导致这种类型的损坏，而用于许多离岸混凝土结构的破碎花岗岩通常不会有这些问题。目前尚不清楚所有离岸混凝土结构中使用的集料是否容易受到此类损坏。

碳化是一个公认的老化问题；这是由于空气中的二氧化碳和混凝土中的氢氧根离子之间的缓慢反应产生碳酸。这种酸降低了保护层混凝土的碱度，从而允许在更深处发生进一步的碳化。最终会导致预埋钢筋失去碱性环境的保护，出现腐蚀的可能性。然而，桥面板和其他结构试验的证据表明，高质量混凝土覆盖层的深度较大，这在混凝土塔的大气区不太可能是一个问题。

硫酸盐侵蚀是海水中的硫酸盐和硬化水泥浆中的氢氧化钙之间的反应。反应产物会膨胀，导致混凝土保护层开裂。对于海洋结构物来说，这是一个公认的问题，通常通过设计来解决，例如，在混合物中加入一些粉煤灰，从而降低渗透性。然而，早期的离岸设施并没有采用此类方法。目测检查支腿应能探测到任何硫酸盐侵蚀问题。

"海洋混凝土计划"（能源部，1989）中的试验表明，8 年（试验计划的长度）后，浸泡在深水中对混凝土没有明显的化学侵蚀。

海水中含有许多化学离子，这些化学离子可以参与化学反应，并可能导致混凝土长期降解。这些物质包括钠、钾、镁以及硫酸盐离子。然而，暴露在海水中的混凝土表面会形成薄的保护层，主要是文石（碳酸钙）和水镁石（氢氧化镁）。这些保护层保护表面，改变混凝土的渗透性，从而减少氯化物对钢筋的渗透。

3.3.4.3 细菌引起的劣化

例如，含有水和油的混凝土结构中，SRB 会产生酸，进而侵蚀混凝土。实验室试验表明，当存在足够的酸性条件时，材料会发生重大损失（能源部，1990）。

这种环境可能存在于混凝土储罐中，混凝土储罐存在于多个离岸混凝土结构中。这是由于在用海水置换储存的油的操作中存在油水混合物。已知 SRB 在某些酸性条件下快速生长，这会导致材料损失，从而降低壁厚。损失率取决于从 pH＝5 增加到更酸性的 pH 值（能源部，1990）。

不幸的是，由于有限的空间，储罐很难检查，因此很难评估 SRB 的损坏程度。由于油中存在蜡，预计储罐内壁上存在的厚涂层可能是一个缓解因素。钻屑可以堆积在混凝土平台的下部或储存室的顶部。这些岩屑由油基和/或水基泥浆组成。直到 20 世纪 80 年代初，这些泥浆都是以柴油为基础的，1984 年被低毒油取代。如上所述，油和水的存在可以促进细菌发展，细菌可能是厌氧的，有利于 SRB 的生长，并可能使混凝土材料恶化。

3.3.4.4 热效应

在许多混凝土装置底部混凝土罐中储存热油会导致热应力，从而导致混凝土开裂。混凝土容易受到明显的温差影响，在这种情况下，温差是由墙一侧的热油和另一侧的冷海水引起的。试验表明，在设计细节正确的情况下，可以维持高达 45℃ 的温差（能源部，1989）。但是，如果冷却器出现故障（油在储存前冷却）或出现异常情况，温度高达 90℃ 的油可转移到储存室中，并可能导致墙壁开裂。经过长时间操作，这些影响可能会累积。热效应产生的应力增加可能导致混凝土开裂，以及储存室墙壁和屋顶及其周围的钢结构应力过大，包括与支腿的关键连接处。

3.3.4.5 侵蚀

受离岸环境影响的混凝土可能会因波浪和风荷载或某些离岸区域的冰荷载而受到侵蚀。由于波浪运动、温度变化等原因，浪溅区特别容易受到影响。

侵蚀程度很大程度上取决于混凝土的质量，对于具有可控渗透性的离岸结构物（特定的水泥含量、低水灰比）和覆盖深度（通常在浪溅区 75mm）而言，混凝土的质量通常较高。然而，这些规范或许会提高结构的耐用性，但在实践中实现这一点取决于其他因素，如生产控制、养护等。开裂部分或低质量区域更容易受到侵蚀。混凝土保护层局部侵蚀的主要影响是钢筋的早期腐蚀，并可能造成强度损失（见 3.4.5 节）。

某些离岸区域（如北极结构物）的冰荷载可能导致严重磨损，需要在设计阶段加以考虑。这种现象是由冰-混凝土摩擦力引起的，并导致混凝土保护层逐渐消失。在极端情况下，冰的磨蚀使海洋混凝土结构的钢筋保护层完全损失。在某些情况下，需要特殊保护，以尽量减少冰层磨损的影响。大多数在北极水域运行的离岸混凝土结构物尚未进入老化阶段，但在适当的时候，冰磨损将需要在此类结构物的寿命延长中加以解决。

受损或侵蚀的混凝土区域可使用灌浆或特殊配制的混凝土进行修复。

3.4　腐蚀

3.4.1　概述

由于金属与其环境之间的化学或电化学反应而引起的腐蚀会导致材料的劣化，有时还会导致材料的性能下降。必须满足以下基本条件才能发生腐蚀：

- 金属表面暴露在潜在的破坏性环境中（例如与当地环境物理接触的裸钢）。
- 存在能够传导电流的合适电解质（如含有离子的海水）。
- 能够引起腐蚀的氧化剂（如氧气、二氧化碳）。

但是，如果不存在其中一种情况，则不会发生腐蚀。表 3.6 总结了海底油气生产设备的潜在腐蚀机理。DNV（2006）中给出了腐蚀过程的更多细节。

3.4.2　外部腐蚀

例如，钢结构的外部腐蚀可能发生在海水中，由于存在吸收的氧气，导致材料损失和承载能力降低。腐蚀速率取决于氧含量和海水温度。

在北海，海水的氧含量通常约 6mL/L。在其他近海地区，深水中的氧含量可能会大大降低，腐蚀也会受到抑制。

外部腐蚀通常通过使用阴极保护系统和在某些情况下通过使用外部腐蚀涂层来减轻（见第 5 章）。CP 系统的设计取决于设备的设计寿命以及所讨论的外部涂层系统的类型和质量。这有推荐的 CP 水平（例如－800 至－950MVs Ag/AgCl）（DNVGL，2015）。在一些装置上，有更多的阴极保护水平，过度保护可能导致氢气的生产，对钢结构产生不利影响。高强度钢（屈服强度大于 500MPa）更容易受到这种过度保护，建议对 CP（HSE，2003）等级提出更严格的要求。屏蔽可限制阴极保护系统的有效性，例如在阳极位置困难的区域。然而，假设阴极保护有效，由于外部腐蚀，材料损失应有限。但是，需要在浪溅区使用效果不佳的阴极保护系统和其他保护方法（例如涂层，加上腐蚀裕量）。许多涂层系统已在离岸使用，环氧基系统更为典型。

表 3.6   主 要 腐 蚀 机 理

油气环境中的腐蚀机理	
腐蚀机理	化学反应
氧腐蚀	$2Fe+H_2O+3/2O_2=2FeO(OH)$（锈迹）
二氧化碳腐蚀	$Fe+H_2O+CO_2=FeCO_3+H_2$
微生物诱导开裂（MIC）	$Fe+$（细菌相关氧化剂）$\rightarrow Fe^{2+}$

资料来源：DNV（2006）。

由于链条装置的复杂性，一些部件（例如链条）通常不配备 CP 系统，设计中通常提供腐蚀裕度。该裕度取决于预期腐蚀条件和预期寿命。在某些氧气供应有限的区域（如含氧区域），腐蚀速率可能较低，并且需要较小的腐蚀裕度。

3.4.3　各种腐蚀形式

3.4.3.1　CO_2 腐蚀

碳钢可经受二氧化碳腐蚀。腐蚀速率取决于 CO_2 的压力、温度、流态和水的原位 pH 值。腐蚀是一种随时间变化的退化机制，通常以点蚀的形式存在。二氧化碳腐蚀可通过使用缓蚀剂和/或控制工艺流体的 pH 值（主要适用于管道）进行管理。

3.4.3.2　H_2S 引起的环境开裂

细菌活动或钻屑导致的 H_2S 环境开裂与硫化物应力开裂（SSC）有关，碳钢易受 SSC 影响。SSC 的可能性取决于许多因素，包括硫化氢的局部压力、总拉伸应力、氯化物浓度和其他氧化剂的存在。预计 SSC 不会出现在 H_2S 的临界局部压力以下。但是，对于高于此限值的分压，SSC 的可能性越来越大，环境条件被称为"酸性"。开裂是导致失效，本质上可能是突然的。SSC 受材料特性（特别是硬度）和制造工艺规范的控制。对于易感材料，在生产的初始阶段更容易发生环境开裂。但是，较老的装置可能会出现油井酸化（H_2S 的产量增加），生产环境也变为酸性。这可能导致更高的环境开裂概率，这取决于材料特性和使用条件的改变。

3.4.3.3　微生物诱导开裂

微生物诱导开裂（MIC）是细菌在环境中的代谢活动所导致的一种降解形式。引起 MIC 的细菌可以加速腐蚀过程，因为应用条件已经具有腐蚀细胞的元素。SRB 是最具侵蚀性的微生物，能增强钢的腐蚀性。SRB 细菌生活在无氧环境中，利用海水中的硫酸盐离子作为氧气来源。H_2S 是 SRB 产生的一种废物，产生于与细菌相关的局部腐蚀环境。在埋在海底沉积物中的钢（如海底锚链）上观察到 MIC，MIC 发生的可能性很难预测，因为它取决于营养物质的可用性、水温和局部流动条件。

3.4.4　船体和压载舱腐蚀的特殊问题

浮式装置的完整性取决于完整的船体和压载舱；腐蚀是主要威胁。由于海水用于压载，压载舱特别容易受到损坏。防腐系统通常通过涂层、阴极保护或两者的结合来限制腐蚀程度。例如，根据维护等级所需的测量要求对结构关键部件进行厚度测量，并对保护系统进行监控。DNVGL - RU - OU - 0300（DNVGL，2018）列出了相关调查要求，并对"老化装置特殊规定"进行了专门说明，主要涉及疲劳和引入"疲劳利用指数"（FUI）。当 FUI 超过一个时，需要采取特殊措施，包括额外的调查。此外，需要在更新调查和检查防腐系统时进行系统厚度测量，以确定其有效性。对于关键区域，建议使用检测系统确定腐蚀或开裂导致的任何渗漏。

DNVGL - RP - B101（DNVGL，2015）用于浮式生产和储存装置的防腐，列出了防腐系统的设计和测量要求。该文件指出，为浮式生产储油船提供超过 10 年使用寿命是一项挑战。当更多传统船舶每五年停靠一次进行详细检查和维修时，浮式生产储油船将在其使用寿命内持续运行。DNVGL（2015）指出，因此有必要制定一个改进的规范，用于寿命为 10 年或更长的浮式生产储油船的防腐保护。这应基于超过 25 年设计寿命的固定式离岸结构物的防腐经验。显然，延长寿命的案例需要关键区域厚度测量的证据，以及相关 CP 系统和防腐涂层持续性能的证据。

压载舱明显易受腐蚀，尤其是在使用阳极无法提供所需保护的区域。油箱也会受到腐蚀，特别是当油箱的 pH 值很低时。这有可能在罐底形成点蚀。如果致使从油中产生的惰性气体（潜在硫化物含量），甲板头部也可能存在腐蚀问题。因此，以涂层和阳极的形式进行腐蚀防护在这类领域很重要。

3.4.5 混凝土结构

3.4.5.1 钢筋腐蚀

在离岸混凝土结构中，钢筋的连续完整性是一项基本要求。埋在混凝土中的钢通常应长期防腐，前提是钢筋上有良好的高质量保护层厚度。建议钢筋保护层在浪溅区为 70mm，在水下区为 45mm。如 3.3.4 节所述，混凝土是一种渗透性材料，因此海水中氯化物将长期渗透到钢筋中。当足够多的氯化物到达钢表面时，会发生钝化性损失的钢筋活化，如果有足够的氧气，这通常会导致腐蚀。这种情况通常发生在浪溅区和空气区，在一段时间内，腐蚀将发展，产生锈胀，通常导致混凝土保护层剥落。在保护层剥落之后，腐蚀通常发生得更快，除非修理。这种腐蚀在许多海洋结构物中是非常典型的。

浪溅区尤其脆弱，氧气和海水供应充足。在这个位置更容易发生腐蚀。

混凝土保护层开裂是一个允许海水更容易进入预埋钢的过程。通常，设计过程的基础要求在施工后控制裂缝，浪溅区和大气区的限制为 0.1mm，淹没区的限制为 0.3mm。此外，在操作过程中，由于以下几个因素，当存在拉伸应力时，保护层可能会开裂，包括：

（1）暴风雨产生的高静应力；

（2）疲劳、局部钢筋损失；

（3）外部损坏（坠物或船舶碰撞）；

（4）钢筋腐蚀产生的膨胀腐蚀产物。

如前所述，随后可能出现剥落，混凝土局部部分丢失，导致进一步进水。目视检查发现的明显裂纹表明结构可能退化，需要进行局部维修。

水下氧气供应有限，这限制了腐蚀程度，如实验室工作（能源部，1989）所示，腐蚀产物不膨胀，通常不会导致保护层剥落。然而，在使用目视检查检测腐蚀方面，有自身缺点。水下混凝土试验段出现了局部严重腐蚀：

（1）被动性局部崩溃（如开裂）；

（2）当混凝土电阻率较低时（例如长期浸泡在海水或除冰盐中）；

（3）如果存在通过钢筋网的导电性，可作为阳极和阴极之间的连接；

（4）还需要一个有效的阴极（可能在有足够氧气支持高局部腐蚀率的浪溅区）。

同样的，在桥面板上也发现了钢筋的局部严重腐蚀，桥面板已被除冰盐中的氯化物饱和。

如果结构中存在循环应力，钢筋疲劳可能会最终导致钢筋的局部损失和混凝土保护层的潜在开裂。海水的存在会加剧这种情况。防护开裂会导致钢筋因腐蚀而进一步受损。

意外损坏，如船舶碰撞和坠物，会对塔（船舶碰撞）或沉箱顶部（坠物）造成局部损坏，导致海水侵入和钢筋的局部腐蚀。因此，很重要的一点是在损坏发生后立即检测到损伤，并对该部分进行维修，以尽量减少腐蚀造成的进一步损坏。

在大多数离岸混凝土结构中，都有一个 CP 系统，用于保护混凝土柱上的附加钢结构。尽管在施工阶段早期曾尝试隔离钢筋，但钢筋通常与此连接。这种连接可能发生，尤其是与流体管线、管道以及其他外部附件的非预期电气连接。这导致一些早期结构牺牲阳极损失高于计划，在某些情况下，必须更换这些阳极。在后来的结构中，钢筋被有意连接到附加的钢结构上，以在 CP 中受到保护。

CP 的一个重要优点是，它在某种程度上保护钢筋，在海水渗入钢筋或出现裂缝的地方，将腐蚀程度降至最低。离岸混凝土结构 CP 系统的现行设计标准建议或要求钢筋的最小公差为 $1mA/m^2$。因此，维护 CP 系统是减少混凝土结构腐蚀反应的基本要求。然而，CP 系统对最易受腐蚀的浪溅区的保护最小。这是该区域混凝土保护层高于正常水平的原因。海水与混凝土反应形成文石（碳酸钙）和水镁石（氢氧化镁），文石和水镁石往往在裂缝口堆积，因此可以限制海水的进入，并产生有益的效果。

3.4.5.2 预应力筋的腐蚀

为了保持混凝土结构的结构完整性，特别是塔架的结构完整性，需要使用高强度预应力钢筋束。这些钢筋束放置在钢导管中，在张拉后对其进行灌浆。考虑长管道和某些情况下的水平方向，灌浆的有效程度导致人们担心海水会渗透到管道中，并导致高强度钢筋束腐蚀，从而可能造成局部预应力损失严重。对预应力构件耐久性的审查（HSE，1997）得出结论，第一批离岸混凝土结构（1978 年前）更容易面临预应力钢筋束的腐蚀，因为后来的平台得益于灌浆材料和程序的改进。还认为，在典型设计波浪荷载下支腿可能失效之前，支腿中的预应力（~40%）需要显著损失。这些故障也需要在同一区域内才能构成危险。在陆基结构中，破坏往往发生在锚具或施工缝附近。

3.5 疲劳

3.5.1 简介

疲劳的特点是，在使用寿命期间，由于多次循环而导致的材料累积损伤，导致裂纹产生和扩展。高应力区域的不连续和缺陷会产生疲劳裂纹。高应力集中的焊接接头就是一个典型的例子。疲劳失效通常被认为是在整个厚度裂纹形成时发生的。

疲劳裂纹是一种与时间相关的累积退化机制，因此，裂纹通常应在结构寿命后期出现。然而，有证据表明，在设计寿命内也可能发生开裂。当存在制造缺陷时，已经看到了这方面的证据。其中的一个例子就是在 1980 年 Alexander L. Kielland Flotel 平台上形成的疲劳裂纹，最终导致平台倾覆。

在恶劣的环境条件下，疲劳失效对承受循环荷载（如风荷载和波浪荷载）的离岸结构物是一个重大危害。对北海英国部分离岸结构物维修的早期审查（MTD，1994）表明，早期数据集中，疲劳是需要维修损坏的主要单一原因，如图 3.4 所示。对北海结构维修的另一项审查（MTD，1992）强调了 40 起事故，其中由于疲劳而需要大量维修的，耗资数百万英镑。

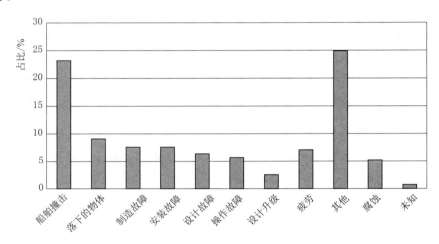

图 3.4　北海结构物损坏原因（1974—1992 年）

设施在北海运行的许多年中，发生了许多构件断裂和设备疲劳失效的事件，这是个值得关注的问题（MTD，1994）。图 3.4 显示了从该时期获得数据得出疲劳的重要性。

Stacey 和 Sharp（1997）基于北海英国部分固定式结构主要结构损伤的健康、安全与环境数据库，对离岸结构的疲劳损伤进行了研究。根据对 174 个平台的回顾，本研究包括 1972—1991 年期间的 170 起事故，包括重大疲劳失效。其中一些损坏没有得到修复，因此不会包含在上述海事技术局（MTD）数据库中。数据包括已知和可疑的穿透厚度裂纹、深度超过 50mm 的凹痕和最大偏转超过 100mm 的弯曲。健康、安全与环境数据库包含的信息表明，1966—1984 年期间，北海北部、中部和南部安装的 174 个固定钢平台中，有 20 个出现严重疲劳开裂。结构的水下深度为 22~186m。数据表明，大多数损坏是在安装后的前 10 年内检测到的，表明设计中存在疲劳或制造不良。此外，这项研究表明，对于早期结构，在整个平台使用寿命中，早在前五年就已检测到疲劳损伤，而对于 1980 年之后安装的结构，损伤较小。此外，这项研究（Stacey，Sharp，1997）表明，尽管数据证实早期疲劳失效的发生率特别高，但很明显累积使用寿命的失效数量稳步增加。

疲劳寿命评估的主要方法是 $S-N$ 法和断裂力学法。这些疲劳评估方法在过去 $40\sim$

50 年中得到了显著发展。特别是 $S-N$ 方法是经验的，基于实验室试验，为疲劳评估制定特征设计曲线。设计曲线包括允许试验数据固有不确定性的安全裕度。因此，设计曲线通常由对数平均曲线减去两个标准差得出，根据试验数据提供 2.3％ 的失效概率。

大量的 $S-N$ 试验是在等幅荷载作用下进行的，而实际构件由于波浪作用而经历了不同的应力幅度。用于评估疲劳应力范围的模型和方法也是经验的，并在疲劳评估中引入了额外的不确定性。

如果要评估疲劳失效的可能性，则需要可靠的疲劳评估程序。疲劳评估应用于实施适当的控制措施。在要求的设计寿命内，疲劳安全可通过以下方式实现：

（1）设计结构部件，使其疲劳寿命满足计划寿命，并考虑所需的疲劳安全系数（设计疲劳系数，DFF）。

（2）以最小的不连续性和缺陷制造这些结构。

（3）能够在必要时进行检查。

（4）能够修复可能影响整体结构完整性的疲劳裂纹。

结构状况的详细信息是老化装置和寿命延长的结构完整性评估的重要要求。在离岸结构物的操作过程中，进行检查以识别任何损坏（如开裂）。未能检测到疲劳损伤导致了主要的结构失效，上文提到的 Alexander L. Kielland 事故是一个特别突出的例子。在 20 世纪 80 年代和 90 年代，TIS 曾致力于开发合适的疲劳设计和评估方法，这导致发现的疲劳损伤数量大幅减少。疲劳失效是结构整个生命周期的一个重要考虑因素，即在设计、制造和使用寿命期间，以及因此在老化结构的完整性管理中。

早期疲劳设计所依据的标准比现有标准要低，导致过早开裂，如图 3.5 所示，这在一些严重的事故中需要昂贵的维修费用。例如，在 20 世纪 70 年代，通常不考虑海水的环境效应和覆盖应力集中系数（SCFs）。当时，海洋结构物的设计是根据墨西哥湾的要求进行的，然而，在墨西哥湾疲劳损伤不是主要问题。

图 3.5　焊接管接头的大疲劳裂纹
资料来源：J. V. Sharp。

在某些情况下，将更现代的疲劳评估方法应用于老化现有结构，与最初认为的情况相比，降低了计算的疲劳寿命。然而，在许多这种情况下，没有证据表明采用改进方法预测了早期疲劳开裂。这强调了疲劳分析方法不是为了预测精确的疲劳寿命，而是提供了一种工具，旨在确保设计寿命中出现裂纹的可能性降低到可接受的水平。疲劳分析中的不确定性以及在标准化疲劳分析方法中如何处理这些不确定性在 4.5 节中作了进一步描述。

关于海洋结构的疲劳问题，已经发表了大量的研究成果。最相关的背景资料有 Gurney（1979）、Maddox（1991）、Almar-Næss（1985）、Lotsberg（2016）和 DNVGL-RP-

C203（DNVGL，2016a）。

3.5.2 影响疲劳的因素

影响疲劳的主要因素有：

（1）材料中的缺陷和不连续性。

（2）存在循环应力。

（3）材料所处的环境。

疲劳损伤已被证明是由于存在制造缺陷造成的，尤其是在焊缝处和存在应力集中的地方，例如在几何不连续处。缺陷是焊接过程固有的，因此，与非焊接部件相比，焊接接头的裂纹萌生阶段可能更短。

焊接离岸部件中的应力集中可能导致比名义应力大很多倍的应力，并导致这些位置开裂。应力集中通常用 SCFs 进行分析描述。高 SCF 通常出现在过渡、接头、连接、内置不连续（例如厚度变化）、支架等处。有关应力集中的背景信息见 DNVGL - RP - C203（DNVGL，2016a）。

离岸钢导管架结构中的裂纹主要发生在焊接节点和环向对接焊缝处（图 3.5）。根据连接类型和疲劳载荷类型，这些区域的 SCF 值可能有所不同。参数公式可以计算多种连接类型的接头类型和荷载的 SCF。

材料所处的环境对疲劳寿命也有显著影响。大多数关于疲劳的早期数据都是在空气中进行的，随后人们认识到，浸泡在海水中会对疲劳性能产生不利影响。试验表明，除非存在阴极保护（CP）或感应电流（IC），否则疲劳寿命可降低至少两倍。对于较低的应力范围，CP 更为有利：疲劳寿命与干燥空气中的寿命非常接近。现在，TIS 这种方法已成为焊接接头疲劳设计的现行指南。

另一个对疲劳能力的重要影响是所谓的厚度效应。增加给定类型疲劳试样的尺寸，同时保持所有其他参数，通常会导致疲劳强度降低（Morgan，1983）。这一厚度效应已被量化，作为测试大样本的结果，现已纳入设计要求。

同样重要的是要注意，疲劳损伤非常依赖于循环应力范围，并且疲劳损伤与循环应力范围成正比，与第三次方成正比。

3.5.3 疲劳损伤的影响

疲劳损伤的主要含义是降低结构强度、增加疲劳裂纹扩展、增加脆断或延性断裂的可能性以及构件可能发生渗漏。例如，管接头中的裂纹会降低静强度和剩余疲劳寿命（Mohaupt et al.，1987）。例如，全厚度裂纹可使静强度降低 40%（Stacey et al.，1996）。在老化设备的管理中，必须正确理解疲劳失效的后果。

在局部结构中，槽厚开裂后会出现构件断裂和刚度损失。这将导致载荷重新分布，导致其他部件承受更大的载荷，可能导致其他区域更快的疲劳开裂。因此，可能会发生多处开裂，根据冗余程度，最终结构可能会失效。因此，由于疲劳寿命预测和部件强度都受到载荷重新分布的影响（Noordhoek et al.，1987），在制定结构完整性管理计划时，应充分考虑穿墙后发生整体构件失效的可能性及其后果，这一点很重要。

很明显，载荷重分布对疲劳寿命的影响会导致意外的失效，因为完整结构的疲劳不考虑疲劳失效后的载荷重分布。疲劳裂纹也有可能在制造缺陷处开始和扩展，制造缺陷不一定位于结构分析中认定为关键的那些接头中。缺乏此类缺陷的信息将导致对安装结构完整性的错误看法。这就更加强调了理解系统性能的必要性。

构件失效不仅可能是由于疲劳裂纹，也可能是由于疲劳裂纹暴露在高荷载水平下（例如，由于波浪荷载或船舶冲击）而导致承载力降低所致。这些荷载也可能导致局部倒塌，在有大量疲劳开裂的区域产生更大的后果。应注意的是，在导管架结构使用寿命末期可能会发生多次开裂，其对结构完整性的影响通常不在老化装置的完整性管理中考虑。这是一个可能产生重大后果的疏忽。

疲劳不限于导管架的下部结构或浮式结构的船体。一个特别的例子是早期结构中的导体导向框架由于设计不足而开裂，这是由于缺乏对高应力集中区域平面外波荷载重要性的理解。这一问题在新结构中得到了较好的处理。

除固定式结构外，半潜式结构对疲劳开裂也很敏感。在这方面，通常认为以下方面非常重要（标准规范，2017b）：

（1）支撑的端部连接（至立柱、浮筒和甲板）。

（2）单个支架之间的连接。

（3）支架中的单独对接焊缝和过渡段：

1）锥形管段；

2）方形到管状截面；

3）在管状和方形截面之间。

（4）浮筒和立柱之间的连接，包括：

1）浮筒和浮筒节点之间的过渡；

2）环形浮筒之间的过渡；

3）浮筒和立柱之间的连接；

4）方形截面到管状截面之间的过渡；

5）铸造或锻造过渡段。

（5）立柱和上部船体之间的连接，包括：

1）方形截面到管状截面之间的过渡；

2）铸造或锻造过渡件。

（6）不连续性，如海绵、水泡等的终止。

（7）内部支撑结构、加劲肋、支架、厚度过渡和缺口。

（8）外部支架。

（9）锚绳导缆器、止链器和绞车（起锚机）的支架。

（10）上部支撑连接至船体内部结构（包括起重机底座、照明弹、直升机甲板和钻井井架）。

易受疲劳影响的船形结构中的重要结构细节是位于局部高动态压力区域的高应力集中的结构连接。例如，侧壳的零件对疲劳敏感。Norge（2017b）标准中给出了发现裂纹的相关细节，包括：

（1）高应力结构，如月池角和开口以及相关加强件的端接。

（2）炮塔支撑结构。

（3）横向网架终端，包括相关的支架脚趾。

（4）横向舱壁中水平桁条的前束和后踵。

（5）上下漏斗节。

（6）舱壁、桁条和框架中的其他相关不连续性和终端。

（7）侧壳中的转向节线。

（8）舱底龙骨支撑和终端。

（9）承受集中荷载的舱壁和框架部分。

（10）船体外壳开口、贯穿件和附件。

（11）船体外壳对接焊缝/组立焊缝和相应的扇贝。

（12）与框架和舱壁（尤其是侧壳）的纵向加劲肋支撑连接。

（13）侧壳中的加强板。

（14）交叉连接支架/终端和相应支架。

（15）门、管道和电缆贯穿件、风管等的开孔。

（16）底板和舱底半径处纵向加劲肋的不连续性。

（17）与主甲板和船体内相关内部结构（包括起重机基座、照明弹和直升机甲板）的上部支撑连接。

其他易受疲劳影响的区域包括上部构件，如甲板支腿、甲板桁架和大梁；这些对结构的整体完整性和破坏顺序很重要。随着老化，疲劳可能成为一个问题，易受疲劳影响的上部组件的检查需要纳入维护计划。由于不需要水下使用所需的特殊方法，因此检查这些部件更容易。

3.5.4　高强度钢的疲劳问题

疲劳试验数据和指南主要是从中等级结构钢的试验中得到的。也使用高强度钢，尤其是自升式平台，屈服强度高达 $700 \sim 800MPa$。这些材料的试验数据少得多，有证据表明海水对这些高强度钢疲劳性能的影响更为不利，对氢裂纹的敏感性更高（见 3.3.3.2 节）。

高强度离岸结构钢，通常定义为屈服强度大于 $425 \sim 450MPa$ 的结构钢，其疲劳行为已成为几项研究的主题，并对欧洲、美国和日本发表的工作进行了审查（标准规范，2015）。将一系列高强度离岸结构钢的疲劳裂纹扩展数据与常规 BS 4360 50D 结构钢的疲劳裂纹扩展数据进行了比较。已考虑了母板和热影响区的信息以及环境的影响，即空气、自由腐蚀和阴极保护电位范围为 $-800 \sim -11000mV$。母材的数据表明，在空气和海水环境中，可以获得与结构级 50D 钢相当或稍有改善的性能，表明老化性能相似。然而，高平均应力和过度保护水平（即 $-1100mV$）的综合不利影响可导致裂纹增长率显著高于在空气中观察到的增长率，以及氢脆导致的断裂韧性降低（HE）。

结果表明，维持高强度钢结构完整性的一个重要因素是维持腐蚀保护系统，以达到可接受的腐蚀疲劳和裂纹扩展性能。为了实现这一点，一些规范和标准要求在窄带（$-770 \sim -830mV$ Ag/AgCl）内控制保护电位，这在实践中很难实现。但是，应该注意的是，上述审查的数据是针对相对现代的高强度钢的，因此可能不一定代表所有离岸使用的高强度钢——在某些情况下，早期结构中使用的旧钢材的性能可能比现代钢材差，这需要在老化评估程序中加以考虑。

3.5.5 疲劳研究

20 世纪 70 年代，人们认识到，抗疲劳设计是世界各地，特别是北欧水域的海洋结构物的必要要求。1980 年 Alexander L. Kiell 号和半潜式潜艇的失事等灾难性事故凸显了这一点。人们认识到，对焊接部件的疲劳，特别是在离岸结构物中发现的具有简单和复杂几何结构的大型焊接接头，还没有很好地理解，并且进行了大量的研究计划，以提供新的数据并使疲劳指导的发展成为可能。CH 最初是在 20 世纪 80 年代初引入的。过去 40 年来进行的大量研究（如：HSE，1987、1988；Noordhoek & De Black，1987；Dover & Glinka，1988）以及为制定新标准和指导而作出的努力突出了疲劳的重要性。已经开展了大量关于焊接管接头疲劳性能的研究，包括在空气和海水环境中产生 $S-N$ 曲线，开发简单和复杂管状接头配置的 SCF 方程以及开发断裂力学方法。

由于西北大西洋的环境是最容易疲劳的地区，因此在英国和挪威进行了大量的疲劳研究。最值得注意的研究项目是英国海洋钢研究项目（UKOSRP），第一阶段于 1975 年开始，并在能源部指导说明中对疲劳设计进行了重大修改，当时设计人员和认证人员需要遵守北海结构的基本要求（HSE，1988）。这项主要由政府资助的计划大大提高了人们对疲劳的认识。测试的主要结构材料是 50 级钢，这是最广泛使用的离岸钢材。该方案的一个主要发展是引入了焊接管接头的 $S-N$ 曲线（T 曲线），以前的 $S-N$ 曲线是基于板的测试，没有正确反映具有热点应力的管接头的特点和性能。

挪威于 1977 年启动了一个为期五年的项目，旨在加强离岸钢结构疲劳研究。该项目由挪威研究委员会资助。本项目旨在建立更可靠的钢结构疲劳分析方法，并了解钢结构疲劳寿命的机理和条件。除导管架结构外，本项目还包括许多类型的离岸钢结构，包括半潜式平台、张力腿平台和千斤顶。由此产生的疲劳手册（Almar-Næss 1985）为挪威水域（可能在其他地方）的离岸结构物的疲劳设计奠定了几十年的基础。

第二阶段英国近海钢结构研究规划（UKOSRP）研究了海水环境下钢的疲劳，进一步研究了海水对疲劳的影响、厚度对疲劳性能的影响以及其他因素（HSE，1987）。该计划的结果形成了能源部新版本的指导说明（HSE，1995），这是公认的最先进的疲劳设计指南，挪威人依据 NORSOK N-004 和后来的国际标准组织（ISO）制定了 ISO 19902 中离岸固定式结构设计和操作标准（ISO，2007）。

后来，浮式生产储油卸油装置（FPSO）疲劳能力联合工业项目（2001—2003）讨论了浮式生产储油卸油装置（FPSOs）的疲劳能力。为了提高典型 FPSO 细节有限元建模和热点应力评估的准确性、坚固性和效率，进行了数值研究和疲劳试验（Lotsberg et al.，2001；Lotsberg，2004；Lotsberg，Landet，2004）。

对离岸结构物疲劳性能的研究包括具有一般适用性但与老化装置特别相关的工作。关键领域包括使用焊缝改进技术延长疲劳寿命，以及开发检测疲劳裂纹开始的检查方法。

3.6 荷载变化

另一个直接影响结构安全的物理变化是结构荷载的变化。模块和更多设备的修改和添加就是这种荷载变化的典型例子。然而，结构上的波浪和风荷载也会发生变化，需要在结构完整性管理中特别是在寿命延长评估中加以解决。风荷载通常会因风区的变化而变化，例如，随着模块的增加。随着时间的推移，由于波浪影响区增加了结构件、立管、导体和沉箱，波浪荷载将随着海洋生物增长而变化。如果结构发生沉降（通常是由于储层收缩），波浪可能会暴露出结构先前未暴露的新区域，荷载的倾覆力矩将增加。如果装置的上部受到波浪的冲击，这是最关键的。甲板波浪将显著增加结构上的波浪荷载。

由于对波高统计的新知识、对波浪运动学的最新理解以及对波浪冲击压力的新知识，波浪荷载的变化也有所增加。

全球变暖可能会影响海浪和风，从而影响建筑物的荷载。目前，没有足够的数据来提供全球变暖对风浪气候影响的信息。Norsok N‑003 "行动和行动效应"（标准 Norge，2017a）表明，计划运行 50 年以上的结构应考虑全球变暖的影响。

3.6.1 海生物

波浪和海流对结构的荷载受海生物和疲劳评估的显著影响，特别是，必须使用最新的海洋发生数据进行更新（Birades，Verney，2018）。根据 ISO 19902（ISO，2007）中给出的莫里森方程，直径为 ϕ 的构件上的水动力 f 是阻力 F_d 和惯性力 F_i 的总和：

$$F = F_d + F_i = C_d \times \frac{1}{2} \rho_w u \, |u| \, \phi + C_m \rho_w \pi \frac{\phi^2}{4} \frac{\partial u}{\partial t}$$

因此，阻力与 ϕ 成正比，惯性力与 ϕ^2 成正比。

由于海浪和海流载荷的增加，海生物的厚度取决于地理区域，对疲劳寿命有重大影响。

3.6.2 桥面沉降和波浪

1969 年，菲利普斯石油公司，现在的康菲石油公司，在北海的挪威部分发现了 Ekofisk 油田。在 20 世纪 70 年代，Ekofisk 油田上安装了几个设施。到 1984 年，人们发现 Ekofisk 油田的平台已经下沉了几米（沉降是海床的运动，因为相对于海平面等基准面，它下沉到较低的水平，例如，由于在下面的储层中提取了油气）。这一变化对对设施支撑结构的安全性有许多影响：

（1）荷载作用于构筑物的不同位置，也可能撞击设施的甲板。

（2）疲劳损伤在某些区域可能变得更严重，尤其是在水平方向。

（3）导线架（在某些区域，疲劳损伤可能变得更严重，尤其是在水平导线框架上）。

（4）对于带有 CP 的结构物，腐蚀主要发生在浪溅区（在水面以上的较小范围内）。结构物的新区域是由于暴露在浪溅区的沉降造成的。

Ekofisk 油田的大部分设施在 20 世纪 80 年代后期被顶起，从而缓解了运营商的上述担忧。然而，现场沉降继续消退，多年来一直在进行装置及其结构的施工，以确保足够的安全。

3.7　凹痕、损坏和其他几何变化

结构在使用过程中会积累损伤，主要是由于船舶碰撞、坠物或极端天气造成的。在起重机和类似装置的提升过程中，坠物或摆动荷载的冲击也构成离岸安装的一个重要危险场景。这种损伤是以凹痕或弓形物的形式出现的，有时与裂纹有关。图 3.6 显示了典型的凹陷构件。这些凹痕对构件的屈曲承载力和管节点、梁和加筋板的静承载力有显著影响。

对结构进行定期检查将识别其中的损伤。经验表明，其中一些损伤将被修复，但大部分损伤将保持在未发现或未修复的状态。某种程度上，在装置使用周期内，多个损坏点可能会聚集起来，从而使结构构件整体变弱。

对凹痕和弯曲的数据调查表明，如 HSE (1999) 所示，检查发现典型的凹痕深度在 10mm 到 60mm 之间，最深可达 300mm。其中一些凹痕与弯曲结构有关，其长度

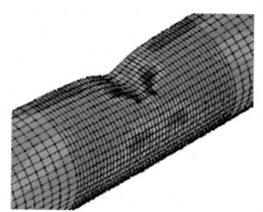

图 3.6　凹痕构件示意图

500mm。较为严重的凹痕和弯曲与开裂有关，其取决于局部应力大小，应力过大会导致结构疲劳开裂，因此需要及时监测和维修。

通过物理试验和模型试验，研究了凹痕和弯曲结构对强度的影响。ISO 19902（ISO，2007）中的一节讲述了关于凹痕对管状构件的影响。对于承受轴向拉伸、轴向压缩、弯曲或剪切的凹陷构件，针对其强度和稳定性提出了数学方程。更多细节见第 4 章。

HSE（1999）确定了衡量凹痕和弯曲损伤的临界值平如下：

（1）对于已发生的可能导致损坏的事故时，凹痕损坏为 12.5mm。

（2）在没有事故警报的情况下，凹痕损坏为 38mm。如果没有船底附身物来掩盖凹痕，则可通过一般目视检查（GVI）调查检此类损坏。

（3）在对已知事件作出即时反应后，弯曲损坏为 130mm。

（4）进行常规检查时，弯曲损坏为 350mm。

对于确定的凹痕阈值，支腿和支撑的典型强度降低分别高达 6% 和 17%。弯曲阈值的相应值分别高达 37% 和 68%（HSE，1999）。这表明，在发生事故和大风暴后未发现损坏的情况下，结构完整性可能会受到损害。报告得出的结论是，目前在北海对于凹痕和弯曲，此类损伤不一定能被有效地检测到。也有公开的证据表明，许多凹痕和弯曲是在未报告事故后的检查中发现的。早期审查（MTD，1994）显示，在例行检查或偶然发现，而不是处理事故情况下，仅能检测到 17% 的船只和坠物损坏。定期检查的一个关键目的是确保任何损伤都在可接受的范围内。

对于船形结构，由于局部冲击，侧壳的纵向可能会弯曲或扭曲，从而导致局部结构承载力降低。在半潜式平台中，立柱最容易出现局部凹陷。弯曲和扭曲的环加劲肋或梁会降低柱的整体屈曲能力。

在老化结构中会积累意外损伤，多个凹痕和弯曲结构的联合作用会显著降低结构的抵抗力，而综合效应没有出现在现行规范和标准内。因此，操作员需要定期检查个别损伤。

意外损坏的检查包括初始检测和描述损坏特征。前者可能是通过 GVI 或近距离目视检查（CVI），使用遥控机器人（ROV）或潜水员（见附录 A）。照片可以确定损伤的大致形状，但需要摄影测量来提供更多细节。描述损坏特征包括凹痕深度、范围和弯曲程度的测量。确定是否存在任何裂缝也很重要。凹痕和弯曲结构的测量技术包括拉紧钢丝、直尺、测量椭圆度和轮廓仪的使用。需要准确的损伤尺寸，以确定损伤强度，并设计修复技术（如需要）。在评估凹痕和弯曲结构的过程中，最重要的任务是确定对局部或全局强度有影响的凹痕和弯曲结构。第 5.4.4 节介绍了凹痕和弯曲结构的修复。典型技术包括构件灌浆和大凹痕灌浆。弯曲结构更难修理，除非由人为更换。

3.8 非物理老化变化

非物理老化变化如第 3.1 节：

（1）技术变更（过时、备件可用性和兼容性问题）。

（2）知识和安全要求的变化（物理模型、对现象新的理解和社会安全认可度的变化）。

（3）结构信息变更（材料数据、设计、制造和检查报告可用性的变更）。

3.8.1 技术变革（过时）

第 1.2.1 节已经提到了技术变革。一般来说，这种变化是社会总体技术发展的结果。它将在设备和系统（如控制系统）的发展中逐渐过时。

英国石油天然气公司（2012）将过时定义为"由于知识、标准、技术或需求的变化而失去效用的结构、系统或组件"。过时的典型特征是供应链中没有必要的备件和技术支持，也可能由于标准或技术的变化而发生，但不包括物理退化。实际上，对于与石油和天然气生产有关的设备的变更，这通常是由以下任何一种（或一种以上的组合）引起的：

（1）供应商将不再支持设备；

（2）供应商停业；

（3）不再提供备件；

（4）软件系统升级；

（5）设备功能不再满足行业要求或标准。

离岸平台运营商需要了解影响资产的当前或潜在过时区域，以便制定适当的计划来处理问题，最大限度地减少任何意外发生。

O&GUK（2012）指出了以下可接受的措施：

（1）替换为合适的替代品（可能涉及从非标准路线采购，例如从资产/公司组合中的其他设备采购）。

（2）更换新组件（功能可能与现有组件不同，需要评估任何更改）。

（3）确定替代解决方案（注意，在某些情况下，替代的解决方案可将失败的后果降低到可接受的水平，所有对此类方案必须进行全面风险评估）。

（4）确定允许设备在剩余使用寿命内使用的操作模式。

如果无法进行类似的更换，则必须应用变更管理原则进行彻底审查，以确保正确地理解和考虑影响安全的因素。还应仔细评估新设备和原始设备之间的接口，考虑到设备的生命周期以及将来更换原始设备的可能性。

对于许多结构来说，这种类型的改变将产生一定的影响，因为它们不包括计算机和其他可能过时的设备。然而，浮式结构物，如依靠压载系统和计算机、水密门和舱口、泵和通风口，显然会经历技术变化和过时。在许多离岸混凝土结构中，基础储存单元和支腿相邻单元内部受到压力的影响。该压力由一个支腿内压载集箱中的水位控制。与周围海水相比，单元内通常有一个低压。这种损失可能是由于压载水系统或贮油管道系统的故障造成的，可能导致强烈风暴条件下结构的应力过大。此外，压载水系统的故障会导致低压损失。

3.8.2　结构信息变更

结构设计、制造和操作过程中结构材料数据的可用性，结构的使用在结构管理中非常重要。如果这些数据可用并在使用中，其将有助于人们理解结构，并为如何管理结构的正确决策提供必要的信息。如果这些数据部分或全部丢失，则对结构的安全性将降低，这将影响有关如何检查、维修或修改结构的决策。

良好的结构信息数据是构建合理结构、增强结构强度和安全性的基础，并对结构安全性的分析和评估（如寿命延长）有重要价值。缺乏此类数据将导致不确定性，并降低结构的安全性。

结构信息数据的消失有多种原因。很多信息，特别是关于旧结构的信息，在很大程度上都存在于人的记忆中。如果数据被存档，存档可能丢失或以不再有用的格式存在。在1996—1998年期间，所有权和承包商的变化以及英国从认证到验证的变化导致了公司知识的丧失。这通常包括设计标准的数据丢失、检查和维修历史（包括意外损坏）。因此，运营商必须确保知识和经验的连续性。延长使用寿命的需要考虑因素有充分了解安装、当前状态和原始设计标准（如设计、制造和安装结果）。

3.8.3　知识和安全要求变更

知识的变化是在理解结构模型和方法时发生的变化。自离岸设施投入使用以来，几十年来，与离岸设施相关的结构工程经验不断发展，不断的研究和开发提高了人们对荷载和结构性能的理解。之后，随着旧结构原始设计中使用的标准发生变化，知识量也大大增加。在延长老化结构使用寿命的过程中，需要考虑这些变化，并且需要在评估老化结构使用寿命的过程中使用最新的知识（通常是最新的标准）。

事实上，关于旧装置老化管理的健康、安全和环境问题指南中指出，操作员对安全案例的审查（所谓彻底审查）需要新的知识和理解，例如，对行业或 HSE 安全性高度关注的风险的认识，需要考虑相关研究的认可度和包容度（HSE，2009）。HSE 报告中给出的具体示例包括对单个和多个成员故障后，系统能更好地处理由于负载重新分配对疲劳寿命的影响。其他国家监管制度也存在类似要求，例如挪威。

几十年来，离岸装置的安装已经取得了许多技术进步，例如在材料性能、制造技术、检查和维护方面。例如，钢的质量得到了改善，特别是在整个厚度特性方面，更好地应用了焊接技术。新的规范和标准已经发展起来，并反映了这些变化。在评估老化结构时，需要考虑这些变化和差异。上述 HSE 指南规定，在评估老化结构的安全案例时，应比较使用旧规范和标准的效果，将案例与现行标准、新装置的 HSE 指南和行业惯例进行比较。因此，应评估所有缺陷的影响，以便实施合理可行的改进，以提高安全性。最终，这一差距可能会在某种程度上变得更大，以至于原始设计可能最终被认为是不安全的。

知识发展的另一个重要领域是风险管理，在离岸设施设计的早期，风险管理是基础性的，人们缺乏从经验和研究中发展出来的理解力。这其中的一个主要因素是了解火灾和爆炸及其对装置的潜在危害。现在，人们对爆炸建模有了更好的技术支持，导致现有设备设计的超压超出了许多早期装置。

3.2 节基于 Hörnlund 等人（2011）的研究。3.4 节部分基于挪威石油安全管理局（PSA）挪威石油安全管理局（DNV，2006）的报告《DNV 老化材料》。3.3.3.2 节基于 HSE（2003）。

参考文献

Almar-Næss，A.（ed.）(1985). *Fatigue Handbook – Offshore Steel Structures*. Trondheim，Norway：Tapir，Norwegian Institute of Technology.

Birades，M. and Verney，L. (2018). Fatigue analysis，lifetime extension and inspection plans. In：*Proceedings of the 3rd Offshore Reliabilty Conference*（OSRC 2016），Stavanger，Norway（14–16 September 2016）. Trondheim，Norway：Norges teknisk–naturvitenskapelige universitet，Institutt for marin teknikk（IMT）.

Clayton，N. (1986). Concrete strength loss from water pressurisation. Conference on Concrete in the Marine Environment，Concrete Society.

Department of Energy (1989). Concrete in the Oceans Programme – Co-ordinating Report on the Whole Programme，Concrete in the Oceans Technical report no. 25，UEG/CIRIA. HMSO，London.

Department of Energy (1990). Concrete Offshore in the Nineties – COIN，Offshore Technology report OTH 90 320. HMSO，London.

DNV (2006). Report No. 2006–3496 Material risk – ageing offshore installations. DNV，Høvik，Norway.

DNVGL (2015). DNVGL-RP-B101 Corrosion protection of floating production and storage units. DNVGL，Høvik，Norway.

DNVGL (2016a). DNVGL-RP-C203 Fatigue design of offshore steel structures. DNVGL，Høvik，Norway.

DNVGL (2016b). DNVGL-RP-C208 Determination of structural capacity by non–linear finite element analysis methods. DNVGL，Høvik，Norway.

DNVGL (2018). DNVGL-RU-OU-0300 Fleet in service. DNVGL，Høvik，Norway.

Dover，W. D. and Glinka，G.（eds.）(1988). *Fatigue of Offshore Structures*. Warley，UK：Engineering Materials Advisory Services Ltd.

ESREDA (2006). *Ageing of Components and Systems*. European Safety Reliability and Data Association (ESREDA).

Gurney, T. R. (1979). *Fatigue of Welded Structures*. Cambridge, UK: Cambridge University Press.

Haynes, H. H. and Highberg, R. S. (1979). Long-term deep-ocean test of concrete spherical structures – results after 6 years. Technical report no. R 869. Civil Engineering Laboratory, Port Hueneme, CA.

Hörnlund, E., Ersdal, G., Hinderaker, R. H., et al. (2011). Material issues in ageing and life extension. *Proceedings of the ASME 2011 30th International Conference on Ocean, Offshore and Arctic Engineering*, OMAE 2011, Rotterdam, the Netherlands (19 – 24 June 2011).

Hove, K. and Jakobsen, B. (1998). Pressure effects on design of deep water concrete platforms. *Proceeding of the Second International Conference on Concrete under Severe Conditions*, CONSEC'98, vol. 3. E & FN Spon.

HSE (1987). OTH 87 265 United Kingdom Offshore Steels Research Project – Phase II: Final Summary Report. HMSO, London.

HSE (1988). OTH 88 282 The United Kingdom Offshore Steels Research Project – Phase I: Final Report. HMSO, London.

HSE (1991). OTH 91 351 Hydrogen Cracking of Legs and Spudcans on Jack-Up Drilling Rigs – A Summary of Results of an Investigation. HMSO, London.

HSE (1995). *HSE Guidance Offshore Installation: Guidance on Design, Construction and Certification*, 4, third amendment, 1995e. London: Health and Safety Executive (HSE).

HSE (1997). OTO 97 053 The Durability of Prestressing Components in Offshore Concrete Structures. HSE Information Service.

HSE (1998). OTH 98 555 A Review of the Effects of Sulphate Reducing Bacteria in the Marine Environment on the Corrosion Fatigue and HE of High Strength Steels. HMSO, London.

HSE (1999). OTO 1999 084 Detection of Damage to Underwater Tubulars. Health and Safety Executive (HSE), London.

HSE (2003). Review of the Performance of High Strength Steel Used Offshore. Health and Safety Executive (HSE), London.

HSE (2009). Information Sheet Guidance on Management of Ageing and Thorough Reviews of Ageing Installations, Offshore Information Sheet No. 4/2009. Health and Safety Executive (HSE), London.

HSE (2017). RR 1090 Mooring Integrity for Floating Offshore Installations Joint Industry Project. Phase 2: Summary. Health and Safety Executive (HSE), London.

ISO (2007) ISO 19902, *Petroleum and natural gas industries – Fixed steel offshore structures*. International Standardisation Organisation.

Lotsberg, I. (2004). Recommended methodology for analysis of structural stress for fatigue assessment of plated structures. OMAE-FPSO'04 – 0013, International Conference, Houston, TX.

Lotsberg, I. (2016). *Fatigue Design of Marine Structures*. New York: Cambridge University Press.

Lotsberg, I. and Landet, E. (2004). Fatigue capacity of side longitudinals in floating structures. OMAE-FPSO'04 – 0015, International Conference, Houston, TX.

Lotsberg, I., Askheim, D. Ø., Haavi, T., et al. (2001). Full scale fatigue testing of side longitudinals in FPSOs. *Proceedings of the 11th ISOPE*, Stavanger, Norway.

Maddox, S. J. (1991). *Fatigue Strength of Welded Structures*. Abingdon, UK: Cambridge Universty Press.

Mohaupt, U. H., Burns, D. J., Kalbfleisch, J. G. et al. (1987). Fatigue crack development, thickness and corrosion effects in welded plate to plate joints, Paper TS3. In: *Proceedings of the Third Interna-*

tional ECSC Offshore Conference, Delft, The Netherlands (15 – 18 June 1987). Elsevier.

Morgan, H. G. (1983). The Effect of Section Thickness on the Fatigue Performance of Simple Welded Joints, Springfields Nuclear Power Development Laboratories Report No. NDR941 (S).

MTD (1992). Probability-based fatigue inspection planning, Report 92/100. Marine Technology Directorate (MTD), London.

MTD (1994). Review of Repairs to Offshore Structures and Pipelines. Report 94/102. Marine Technology Directorate (MTD), London.

Noordhoek, C. and de Black, J. (1987). *Proceedings of the Third International ECSC Offshore Conference*, Delft, The Netherlands (15 – 18 June 1987). Elsevier.

Noordhoek, C. , van Delft, D. R. V. , and Verheul, A. (1987). The influence of the thickness on the fatigue behaviour of welded plates up to 160 mm with attachment or butt weld, Paper TS4. In: *Proceedings of the Third International ECSC Offshore Conference*, Delft, The Netherlands (15 – 18 June 1987). Elsevier.

NRK (2017). Hurtigrute-motor er trolig verdens lengstgående (in Norwegian). www. nrk. no (accessed 23 June 2017).

O&GUK (2012). *Guidance on the Management of Ageing and Life Extension for UKCS Oil and Gas Installations*, issue 1, April 2012. London, UK: Oil & Gas UK.

O&GUK (2014). *Guidance on the Management of Ageing and Life Extension for UKCS Floating Production Installations*. London, UK: Oil & Gas UK.

Ocean Structures (2009). OSL – 804 – R04 Ageing of Offshore Concrete Structures. Ocean Structures.

Robinson, M. J. and Kilgallon, P. J. (1994). HE of cathodically protected HSLA steels in the presence of sulphate reducing bacteria. Corrosion 50 (8): 620 – 635.

Stacey, A. and Sharp, J. V. (1997). Fatigue damage in offshore structures – causes, detection and repair. *Proceedings of the 8th International Conference on the Behaviour of Offshore Structures*, BOSS 1997, Delft, The Netherlands.

Stacey, A. , Sharp, J. V. , and Nichols, N. W. (1996). Static strength assessment of cracked tubular joints. In: *Proceedings of the 15th International Conference on Offshore Mechanics and Arctic Engineering*, Florence, Italy. New York: American Society of Mechanical Engineers.

Standard Norge (2013). NORSOK N – 004 Design of steel structures, Rev. 3 February 2013. Standard Norge, Lysaker, Norway.

Standard Norge (2015). NORSOK N – 006 Assessment of structural integrity for existing offshore load-bearing structures, 1e. Standard Norge, Lysaker, Norway.

Standard Norge (2017a). NORSOK N – 003: Actions and action effects, 3e. Standard Norge, Lysaker, Norway.

Standard Norge (2017b). NORSOK N – 005 In-service integrity management of structures and maritime systems, 2e. Standard Norge, Lysaker, Norway.

Wintle, J. (2010). The Management of Ageing Assets, Presentation given at TWI Technology Awareness Day, TWI, Cambridge, UK (14 October 2010).

第4章 老化和寿命延长评估

4.1 引言

4.1.1 简介

对现有结构进行评估的目的是确保该结构可供进一步使用，特别是延长使用寿命，同时应考虑已发生的变化和可能破坏其完整性的其他因素。

在以下情况下，通常需要对现有结构进行评估：

1. 结构条件发生了变化，如：

（1）因腐蚀和疲劳等与时间相关的劣化。

（2）意外荷载或极端天气事件造成结构损坏。

2. 结构上的荷载已经发生或即将发生变化，例如：

更新的海洋气象数据增加了荷载，增加了新的模块和荷载区，增加了立管或导体的数量，增加了风荷载区，以及下沉导致的甲板荷载波动。

3. 对结构的使用进行了更改，例如：

（1）延长使用寿命。

（2）改变结构以适应使用中的修改（如人员配备水平和操作）。

（3）供应容器尺寸增加。

（4）超出原始设计寿命。

4. 对结构的要求进行了更改，例如：

（1）提高安全性的要求（增强业主、公众或社会的重要性）。

（2）标准和法规中已实施的变更（例如，由于对结构失效的新认识）。

5. 当对其原始设计所依据的假设是否合理存在疑问时，例如：

（1）结构长期未检查。

（2）观察到意外降解。

（3）结构受到意外或不可预见的极端荷载（如天气事件）的影响。

（4）类似结构表现出不令人满意的性能。

（5）新知识和修订的设计规范。

为了确保结构在长期使用中的充分安全，必须建立一种评估结构的方法。评估使用中结构安全性的主要方法是使用现行标准进行设计规范检查（不同极限状态下的分项安全系数法），并考虑检查和测量结果。其他公认的评估现有结构的方法包括：

（1）非线性极限容量检查；

（2）与其他结构的比较；

（3）验证载荷（不易适用于离岸导管架结构和其他类型的子结构）。

通常，评估和分析应包括：评估变更后的结构使用要求和验证设计假设，评估可能偏离这些要求对结构性能的影响，以及评估条件和结构的剩余容量和使用寿命。不符合评估要求的结构部分可进行改进（如地面或砂面）、加固（如灌浆或加固）或更换为新的结构部件。

降低结构故障对人员造成风险的其他方法是引入风险预防和缓解程序，例如，疏散程序。如果主要危险是由可预测事件（如过度波浪荷载或甲板波浪荷载）引起，则可选择疏散。

评估的要求是记录结构是否足够安全，以便进一步使用。根据一些法规（如 NOR - SOK N 系列标准）（挪威标准，2015），制订合理目标，要求安全水平与新设计的结构相同。API RP 2A（API，2014）等其他法规允许某些老化结构的安全水平有所降低，通常在人员配备和使用方面进行一些限制。这种差异体现在制度的历史发展和不同时期社会对安全的态度上。

某些信息应可用于评估现有结构，包括：

（1）结构和海洋系统（正确的图纸），以便进行正确的计算。

（2）退化历史和未来退化的预测。

（3）哪些是可检查的、可替换的，哪些不是。

（4）老化结构寿命延长评估的最新法规和标准。

（5）所有技术方面的相关发展。

（6）如何对老化结构进行寿命延长评估分析（与新结构的设计不同）。

4.1.2　评估与设计分析

正在设计的结构与要进行评估的现有结构之间存在如下区别：

（1）关于结构的可用信息，包括结构以往和当前的性能、状态数据。该信息可作为评估结构持续安全性的一种可能方法。

（2）改进现有结构相关的成本通常要比改进仍处于设计阶段的结构大得多。在新结构设计中，添加少量额外的钢或混凝土的成本是有限的，但事实证明昂贵的高级工程分析却不一定是合理的。这通常意味着使用标准设计方法是可以接受的。这些方法包括：线性弹性分析、大多数构件的标准化代码校验、节点和细节，以及应力集中系数（SCFs）。SCFs通常取自简化的标准化公式。但是，在评估现有结构时，对其进行任何修改的成本都相对较大。因此，更先进的结构分析方法往往更可取。这通常要求在高级有限元分析程序中对构件、节点和细节进行详细建模，并使用非线性结构分析❶和结构可靠性分析❷（SRA）。

---

❶　大多数设计是通过线性分析来完成的，线性分析假设了较小的位移和线性弹性材料的行为。相比之下，非线性分析考虑了大变形、塑性和加工硬化。非线性分析需要更多的计算量和用户能力，因为对分析的输入和结果的解释要困难得多。此外，采用非线性分析时，叠加原理不适用。详见 4.4.4 节。

❷　标准设计方法是所谓的半概率方法，其中不确定性，如载荷和强度，是由统计定义的特征值建模。在结构可靠性分析中，所有这些不确定性都是通过概率分布来建模的。因此，这可以称为结构设计的概率方法。详见 4.7 节。

设计新结构要根据设计规范，该设计规范考虑了荷载和强度统计特性以及分项安全系数的假设不确定性。相比之下，现有的结构可以测量、检查、测试、仪器化，有时还可以验证荷载。理论上，可以收集与评估现有结构的条件和性能相关的所有信息。然而在实践中，证明加载在大多数情况下是不现实的，收集大量数据是昂贵的，并且需要付出大量的人工。此外，现有结构在给定荷载和暴露条件下存在数年的事实，包含了评估情况中的价值信息。

为了确保结构在长期使用中的充分安全，考虑到上述信息，必须建立评估结构的方法。许多不同的程序已经被研发，这将在下一节中描述。

4.2 评估程序

4.2.1 简介

评估现有结构的目的应该是确保结构的完整性仍然可以被接受，即使它可能处于降级状态。为了实现这一点，标准和指南（如 ISO 19902、Norsok N‑006）中提出了若干评估程序。图 4.1 展示了此类评估过程中存在的主要步骤（如本书 1.5 节所示和解释）。

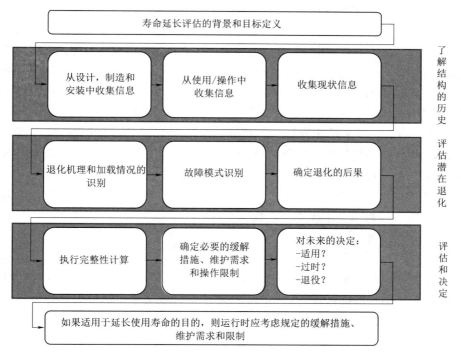

图 4.1　寿命延长评价过程

最明显的部分是评估"现状"（包括腐蚀、裂缝和凹痕等劣化）。据此评估，应更新现有图纸和计算机模型，以便进行必要的分析。为了使这些分析切实可行，必须考虑到载荷或载荷规格的所有变化（如更新的环境标准、重量增加和沉降），更新载荷描述。由于原始设计和这些变化的影响也需要评估，计算结构荷载和强度的工程方法也可能发生变化。

如果结构及其组件的退化历史（如裂纹数量和腐蚀程度）可用，则可以此来推测退化过程的趋势。例如，退化随着时间的推移缓慢发展或过去不久迅速增加。此外，还应评估事故及其历史，以及它们对结构强度等方面的影响。任何积极的性能历史（如检查期间无裂纹）都将是减少结构不确定性的重要信息。如果没有关于退化和性能历史的此类信息，不确定性将是一个重大挑战。如果在延长寿命时考虑到这种增加的不确定性，则评估应明显地基于更高的安全系数。然而，目前没有标准要求提高安全系数。

历史和现状都可用于预测结构的未来退化。展望未来，评估还应包括风险分析，该分析涵盖了未来的运营，并随结构的相关事件和事故历史进行更新。最后，在延长使用寿命期间对机组进行的任何计划变更和修改都应包括在评估中。

根据这些信息可以评估结构的完整性，以验证结构在当前条件下是否足够安全，是否可以采取缓解措施使其足够安全，或是否应直接退役。然而，采取缓解措施的成本可能使得解决这一问题比解决结构安全问题更小。如果决定结构足够安全并且可以被继续使用，那么建立结构安全使用时间长度的概念也很重要。此外，必须确定哪些老化机制可能严重威胁结构的安全性及老化症状。该评估可用于识别可能的检查或监测活动，以便为将来的劣化创建预警信号。为提供安全性所必须采取的缓解措施可能会也可能不会按预期工作。因此，建立和评估这些缓解措施效果的方法非常重要。

寿命延长评估还需要更新结构完整性管理计划（见2.2节），同时应考虑到假定结构会受到的老化影响。如2.4节所述，长期检查计划应作为本结构完整性管理计划的一部分。

离岸结构物的最通用标准是ISO 19900（ISO，2013）。本标准给出了现有结构设计和评估的一般规则。然而，ISO 19900并未对如何进行评估给出任何具体要求。ISO 19900：2013是指离岸钢结构设计和评估的ISO 19902（ISO，2007）。现有结构的详细评估程序见ISO 19902，并将在下一节中介绍。其他标准，如Norsok N-006（挪威标准，2015）、API RP 2A-WSD（API，2014）和ISO/DIS 13822（ISO，2000），包括现有结构评估的详细程序，也在下面的章节中介绍。

值得注意的是，标准中"作用"一词（包括荷载，但也包括在结构中产生应力和应变的所有其他影响）即为本书中使用"荷载"一词。

4.2.2 ISO 19902 概述

ISO 19902（ISO，2007）规定，业主有责任维护和证明平台适用于给定现场和操作条件。ISO 19902明确指出，现有结构的设计理念允许接受单个部件的部分损坏，前提是保证整体系统的故障和变形在可接受范围内。该标准适用于现有导管架下部结构，也可用于上部结构。

ISO 19902程序包括极限承载力状态（ULS）和疲劳极限状态检查（见2.1.2节）。一般情况下，如果本标准中存在平台评估发起人之一，则应采用以下几种分析和经验方法对结构进行评估。

第一种方法是比较结构与类似结构。第二种方法是根据先前经验进行评估，其中先前的风暴中结构承受了超过了可承受的荷载（以适当的裕度），并被用作适合应用的证据。

这需要了解经历过这些风暴且没有重大损坏的结构。

从解析分析上讲，可通过 ISO 19902 标准中给出的设计公式、计算结构失效的显式概率或评估结构的储备强度比（RSR）来检查结构。

对于不符合本标准设计公式的所有情况，即需要通过经验方法、SRA 或 RSR 进行评估的情况，应考虑采取预防和缓解措施，以降低结构失效的发生率和后果。

ISO 19902 中为证明适用性的评估提供的触发器与 4.1 节中给出的触发器类似。

该标准规定，应收集足够的信息，以便对平台的整体结构完整性进行工程评估。应收集平台结构条件和设施的信息，特别注意无法明确验证的数据（如桩穿透）。应根据工程判断顶面、水下、浪溅区和对地基进行一般性检查，并确定是否需要进行更详细的检查或土壤钻孔。

如上所述，根据 ISO 19902，可以通过与附近类似结构的比较来评估结构，若可以证明两者具有足够的相似性，则该类似结构就适用。在 ISO 19902 中，对正在评估的结构和类似结构列出了一系列相关和有效的规范进行比较。

非线性分析和部件检查旨在证明结构具有足够的强度和稳定性，能够承受与施加荷载相关的显著过载。局部应力过大和可能的局部损伤是可以被接受的，但整体不能倒塌。然后确定设计荷载（通常为 100 年荷载）与倒塌/极限承载力之间的比率，通常在本书中称为 RSR。应确定所有波浪方向的 RSR，获得的最低值为结构的 RSR。归属地不同，RSR 的验收标准可能有所不同，但 ISO 19902 建议，载人结构（L1）的 RSR 验收标准为 1.85，无人结构（L2）可接受较低的 RSR 值（ISO 19902 第 A.7.10.1 节）。在 ISO19902 第 A.9.9.3.3 节中，对某些区域给出了特定区域的 RSR 要求，例如，对于挪威，对载人结构给出了 1.92 的 RSR 要求。然而，挪威的 NORSOK N 系列标准并未进一步引用 RSR 分析模型。

根据 ISO 19902，也可由 SRA 进行适用性评估。在 ISO 19902 中，注意到对 SRA 的使用需要非常小心，并且如果对统计数据的了解不足，则无法将要求或建议包括在标准中。

如果可以证明一个结构已经承受了比不必要评估的事故更为严重繁琐的事故，则可以假定该结构是可被接受的。但是，之前的事件必须代表所有组件和风暴方向。应注意，如果环境负荷未超过设计环境负荷（如 Ersdal，2005），则通过先前暴露进行评估的结果有限，很可能要重新访问环境数据库，并且应该将此事件包括在数据库中，并且新的分析将显示此事件不再代表极端事件。

ISO 19902 提出了三种不同的结构疲劳评估方法。根据 ISO 19902，如果对结构的检查表明时间依赖性退化（即疲劳和腐蚀）或没有变得显著，并且设计标准没有改变，则可以在不进行全面评估的情况下，接受设计使用寿命的延长。评估的三种方法是：

• 疲劳评估结果表明，所有构件和接头的疲劳寿命至少等于总设计使用寿命（必要时包括延长寿命），且检查历史显示出无疲劳裂纹或无法解释的损坏。

• 疲劳评估已确定疲劳寿命最低的接头，并对这些接头进行了适当的定期检查，未发现疲劳裂纹或无法解释的损坏。这就要求所进行的检查假定为可以找到相关的缺陷。

• 疲劳裂纹扩展的断裂力学（FM）保守预测可以证明未来寿命充足，定期检查能够监测相关构件或接头的裂纹扩展。

4. 2. 3　NORSOK N‑006 简介

NORSOK N‑006 标准（挪威标准，2015）旨在涵盖主要在挪威大陆架上的现有结构评估相关问题，并符合 NORSOK N 系列标准。NORSOK 标准 N‑001（挪威标准，2012）中给出了结构完整性评估的基本要求。NORSOK N‑006 旨在涵盖那些与结构评估和寿命延长等问题特别相关的方面。

本标准与其他 NORSOK 标准一起，旨在成为一个独立的文件，但已尽可能与相关的 ISO 标准保持一致。本标准涵盖了平台的所有结构类型和不同类型的结构材料，但重点是钢夹具结构。

与 API RP 2A‑WSD（API，2014）和 ISO 19902（ISO，2007）给出的现有结构延长寿命原则不同，NORSOK 标准中的建议旨在确保新平台所需的人员安全水平相同。

ULS 采用的基本原则和意外极限状态（ALS）检查（见第 2 章）与新结构相同。因此，荷载和材料系数与 NORSOK 标准中给出的相同。然而，由于对现有结构实施操作限制或结构加固的成本较大，对如何进行高级非线性分析以确定结构强度提出了附加要求。当非线性分析用于确定结构强度时，标准要求还应检查低循环疲劳能力。为此，NORSOK N‑006 中的一节，将介绍如何评估假设在线性弹性行为之外使用的结构的循环承载力。

NORSOK N‑006 标准与 ISO 19902 和 API RP 2A 之间的一些重要区别在于：

• NORSOK N‑006 未将术语 RSR 用作非线性分析的结果。相反，它建议在非线性分析中也使用分项系数。因此，即使使用非线性分析，NORSOK N‑006 也是一个完全偏因子方法标准。

• 由于 NORSOK N‑006 中也使用了分项系数法进行非线性分析，此标准要求在这些非线性分析中使用屈服应力的特征值。与此相反，ISO 19902 和 API RP 2A 指出了平均值的使用，这是容许应力设计中的传统方法。

• NORSOK N‑006 不允许使用 SRA 来记录现有结构的安全性。

NORSOK N‑006 还提供了疲劳评估指南。如果结构的经验使用寿命比计算的疲劳寿命长，则表明通过使用性能和检查结果的信息，可以进一步安全地操作平台。对其他标准中未给出的疲劳分析、验收标准和改进方法提出了补充建议。此外，还包括对无法检查的细节的特殊建议。

4. 2. 4　API RP 2A‑WSD 简介

API RP 2A‑WSD（API 2014）是美国和世界许多其他地区固定式离岸结构物设计最常用的标准。此标准仅适用于最初按照同一 API 标准第 20 版或更早版本设计的平台评估。根据 API RP 2A，第 21 版之后设计的结构应按照最初用于设计的标准进行评估。

用于评估的平台选择、安装安全等级分类和状态评估的要素与 ISO 19902 程序没有显著差异。

API RP 2A‑WSD 中提到了两个潜在的顺序分析检查：设计水平分析和极限强度分析。建议的分析类型或多或少与 ISO 19902 中提到的相同，但验收标准不同。评估的设计水平分析程序与新平台设计所用的程序类似，包括所有安全因素的应用。然而，对于损失后果大的平台，横向环境荷载可降低至 100 年条件的 85%；对于损失后果小的平台，可降低至 50%。在极限强度分析中，RSR 是指平台的极限侧向承载力与其 100 年环境条件下的侧向荷载之比。高后果平台要求 RSR 为 1.6，低后果平台要求 RSR 为 0.8。

此外，通过比较对类似平台进行评估，通过使用明确的失效概率进行评估以及基于先前暴露的评估，被视为可接受的替代评估程序，但有一些类似于 ISO 19902 的限制。

4.2.5 ISO 13822 概述

前面提到的三个标准都是基于传统的结构分析方法，如半概率分项系数法和线性弹性设计，而 ISO 13822（ISO，2000）主要是基于责任的评估标准。ISO 13822 列出了本标准范围内的陆基结构物，并且不常用于离岸结构物。但是，这里对其进行了完整性审查。

选择评估结构的要素与 ISO 19902 程序没有显著差异。评估的目标是在与业主、当局和评估工程师达成协议后，根据结构未来必需的性能进行规定。未来必需的性能应在使用计划和安全计划中予以规定。应在安全计划中规定与结构条件或动作变化相关的情况，以确定结构可能的关键情况。本标准中的术语可能与 ISO 19902 有所不同，但各要素基本相似。

ISO 13822 包括初步评估的选项，如有必要，还包括详细评估。初步评估包括文件验证、大荷载（作用）发生情况检查、土壤条件变化、结构误用和结构可能损坏的初步检查。ISO 13822 规定，"初步检查需要清楚显示结构的具体缺陷，如果结构在预期剩余工作寿命内是可靠的则不需要进行详细评估。"如果结构的作用、作用效果或特性存在不确定性，建议进行详细评估。

如 ISO 13822 所述，详细评估应包括与 ISO 19902 相似的要素、详细的文件检索和审查、详细的检查和材料试验、确定作用、确定结构特性和结构分析以及现有结构的退化。

这是一个基于结构可靠性的标准，规定"通常应进行现有结构的验证，以确保目标可靠性水平代表所需的结构性能水平"。在信息部分，还指出"验证现有结构的目标可靠性水平，可根据当前规范的校准、最低总预期成本的概念和/或与其他社会风险的比较来确定，还应反映出结构的类型和重要性、未来可能的后果和社会经济标准，并提出了各种极限状态下的目标失效概率。"其中一些不适用于离岸结构物，但失效的中、高后果可能是相关的。各自指示的安全指数（β 值为 4.3 和 3.8 表示失效概率在 $10^{-4} \sim 10^{-5}$ 范围）。

另一种方法是结构干预，在某些情况下可能适用，是通过施加荷载限制、改变结构使用方面（例如在严重风暴中减少上部荷载）、实施监测和控制管理制度。

ISO 13822 还包括基于令人满意的过去业绩进行评估的要求。这是非常严格的，例如要求检查没有发现任何重大损坏、损坏或变质的证据。事实上，对于离岸结构来说不太可能实现。

客户应与有关当局合作，根据工程判断和报告中的建议，考虑所有可用信息，就干预措施作出最终决定。

4.2.6 对上述标准的讨论

上述对现有结构评估标准的审查有一些共性，但在细节上也存在差异。标准的选择通常由监管机构决定，在某些情况下也由运营商的程序和国家惯例决定。许多运营商和监管机构选择 ISO 19902，因为该标准经过了长期的发展和审查，包含了许多参与者的意见。目前的版本是 2008 年发布的。随着 ISO 标准的定期审查，预计 ISO 19902 将在不久的将来进行修订。在挪威和其他一些国家，挪威石油工业技术法规主要用作监管参考。这些标准也需要定期更新。总的来说，这些标准反映了相关领域的经验和最新知识，是一个相对较新的过程，对延长寿命的管理尤为重要。

在大多数情况下，评估首先使用不太先进的方法，如线性分析和代码检查（类似于通常在设计期间采用的方法）。但是，如果不能提供令人满意的结果，操作员或工程师可以选择更先进的分析方法，如非线性分析或 SRA。如前所述，非线性分析十分复杂，需要相当专业的知识。所有失效模式，如破裂、屈曲等，都必须进行适当的建模和分析，通常需要几个非标准化参数，如断裂标准等。此外，如何在非线性结构分析中使用安全系数还没有达成一致。

导管架结构非线性分析最常用的是静力弹塑性分析法，用于确定结构的 RSR 值。如上所述，ISO 19902 和 API RP 2A 对 RSR 的接受值有不同的要求。在 ISO 19902 中，重要性高的结构其 RSR 可接受值设置为 1.85，而在 API 中，可接受值为 1.6。这在一定程度上反映了环境条件和结构人员配备水平方面制度的不同。这两个标准都在世界范围内广泛使用，但将 API RP 2A 应用于管理恶劣环境时需要小心。新的研究表明，ISO 19902 的 RSR1.85 要求可能太低（ERSDAL，2005）。ERSDAL（2005）指出，如果导管架的上部荷载（永久和活荷载）与导管架上的环境荷载之比不小于零，则需要较高的 RSR 值。

作为评估现有结构的可选工具（ISO 19902 和 ISO 13288），SRA 需要相当专业的知识，而在编写时，这些专业知识只能在有限数量的公司中使用。在设计寿命期间，SRA 在检查计划中的应用被证明是非常有用的。这种类型的分析通常被许多公司使用。然而，对于老化结构而言，使用此类分析可能存在一定问题（见 4.7 节）。

API RP 2A 可以评估具有较低安全等级的结构。例如，重要性高的平台的横向环境荷载降低到 100 年条件的 85%，重要性低的平台的横向环境荷载降低到 50%。作者认为，很难找到任何充分的理由来降低旧平台的安全水平，特别是在可能造成人员伤亡和环境泄漏的情况下。

4.3　老化材料的评估

离岸结构使用的主要材料是钢和混凝土，特殊用途是铝（直升机甲板和生活区）和复合材料。材料是在离岸结构物的设计阶段确定的，其设计性能是基于新材料的性能，通常不考虑老化导致的性能退化。制造（例如焊接）也是离岸结构安装寿命早期的一个关键过程，也需要考虑装配结构的性能退化。

在老化结构中，当对安装进行寿命延长评估时，新材料选择过程和材料更换的可能性是有限的。一般来说，操作人员必须接受原始材料。对于某些老化过程，如疲劳和腐蚀，规定了设计寿命，如疲劳寿命，通常设置为 25 年。

影响材料的降解机制有很多，包括腐蚀金属损失、疲劳、氢相关裂纹、磨损和物理损伤。随着老化的发生，所有材料都会出现一些性能损失，这对结构安全可能具有重要意义。老化是材料受到环境影响的结果，需注意海水是一种特别危险的环境。材料承受的循环应力会导致性能损失，特别是疲劳。

在设计和制造阶段，需要所用材料和工艺的资料。这些资料包括材料证书、焊接程序、无损检测结果（无损检测数据）等。在寿命延长阶段，这些资料可能不再可用，这在评估中引入了重大的不确定性。

对现有设施进行寿命延长评估涉及如下过程，即运营商需要验证设施是否能够在可接受的风险水平下安全运行。老化材料的失效模式和降解机理对材料的识别、控制和缓解具有重要意义。需要证明和记录的是，在设计中选择的材料、其制造和施工工程的质量足够坚固，能够在延长使用寿命内适用。

Lange et al.（2004）根据材料和环境的不确定性，将与材料（新设计）选择相关的风险分为四类。Hørnlund et al.（2011）指出该概念并进一步发展了结构老化的材料评估方法，如图 4.2 所示。

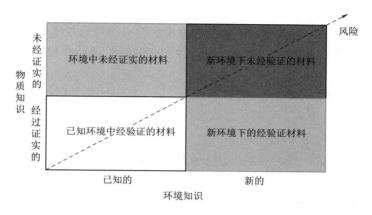

图 4.2　与稳健材料选择相关的风险和不确定性
资料来源：Hørnlund et al.（2011）。

根据图 4.2（最低风险等级）中的分类，采用在充分测试设计中证明的已知材料设计的离岸结构物可归类为"在已知环境中应用验证的材料"。将技术定义在这一类别中意味着操作员在材料和设计方面拥有足够的现场数据，以确保设计寿命。然而，缺乏老化和降解材料的知识可能会带来管理的不确定性。对退役结构的部件进行测试是一个了解老化材料性能变化的机会，这方面的工作开展较少（Poseidon，2007）。新材料（如复合材料）的试验数据和现场经验可能有限，因此"材料知识"可被视为"未经证实"，这在图 4.2 中是一个较高的风险水平。

当环境发生变化时，例如由于沉降，结构的某些部分将处于一个新环境，因为最初位于浪溅区上方的部分现在位于浪溅区，这导致未设计防腐蚀区出现严重腐蚀。这一变化将带来风险水平的变化，即"新环境下已证实的材料"。

在寿命延长阶段，代表寿命延长设施总使用寿命的时间框架中，没有或很少获得使用材料的数据，使得在退化机制条件下，材料变得未经验证。因此，在特殊情况下，已知结构使用超出原始设计寿命的已知材料可能成为"已知环境中未经验证的材料"。在已知环境中使用未经验证的材料更具挑战性，因为必须就环境中可能发生的材料的所有实际失效模式和降解过程建立材料的普遍认识。

代表最苛刻挑战（和最高风险）的类别是应用于新环境未经验证的材料，这是因为对材料及材料在环境中性能的普遍认识有限。即使有来自实验室测试和研究工作的信息，由于必须绘制各种降解过程，也可能认识不完整。必须考虑到数据可能不能完全代表实际的离岸条件。然而，就结构而言，目前很少有未经验证的材料在新环境中运行。

材料的特性参数在设计中很重要，应考虑性能（例如强度）发生变化。此外，安全因素以材料因素的形式出现用于考虑不确定性（见2.2.2节）。不同的材料有不同的安全因素，这取决于其性能的不确定性水平。这些通常在规范和标准中规定。然而，由于老化，这些材料的特性和安全因素可能需要重新考虑。通过表4.1所示的"红绿灯"方案，可以了解与寿命延长相关的不确定性处理。三个区域（绿色、琥珀色和红色）概括如下：

* 绿色。如果寿命延长评估得出的结论都在绿色区内，则设施设计良好，存在经验证的试验数据，材料适合延长寿命。
* 琥珀色。缺少一些重要数据，需要注意确定材料的特性和评估中使用的安全系数。
* 红色。缺少重要数据，在确定材料特性和寿命延长评估中使用安全系数时，需要非常小心。

红色或琥珀色类别结构材料的处理需要在评估过程中仔细考虑安全因素，以确保寿命延长阶段的持续安全。事实上，对于红色类别，因为可能缺乏原材料选择方面的信息，需要在现场进行样片测试，以确保性能持续。

表 4.1 评估建筑材料的红绿灯方案

绿色	琥珀色	红色
提供并验证材料证书，或进行实质性材料试验	大多数元素都有材料证书	缺少材料证书
腐蚀和材料工程师认为，在整个寿命延长期内，材料退化的预测是可以接受的，且具有可靠的安全系数	对材料退化进行有限评估，并假设材料退化在整个寿命延长期内是可接受的	没有对材料在寿命延长期内的退化进行预测
低水平的材料退化，或强化的状态监测，以确保在设计限制内运行	中等程度的材料降解，或限制条件监测	材料退化程度高，即腐蚀超过设计限制。进行最低状态监测
在寿命延长评估和操作中积极使用检查记录	检查记录被记录和审查，但在寿命延长评估中没有充分利用	检查记录不完整或未用于寿命延长评估
利用退役装置测试和检查的材料信息。经验教训	退役装置测试和检查的有限材料信息	不评估外部材料数据，特别是退役结构的数据

4.4 强度分析

4.4.1 简介

结构的强度是指在不导致失效或超过规定极限承载力状态的情况下，能够承受施加的荷载和荷载效应（如应力）。作为寿命延长过程的一部分或由于其他触发因素表明需要评估，则需要评估现有结构的强度。部分原因是可能的损坏或退化缺陷会降低结构的承载能力，现有荷载大于原始设计分析中所示的荷载，或者监管要求变得更加严格。

损坏和退化结构、结构元件的强度分析是评估离岸结构老化的主要挑战之一。离岸结构物可能受到各种破坏和退化影响。这些可能包括：

（1）腐蚀构件；

（2）构件和接头开裂；

（3）凹痕；

（4）偏斜构件；

（5）形状变形；

（6）撕裂；

（7）孔洞；

（8）异常偏转；

（9）部件失踪；

（10）磨损；

（11）硬化；

（12）脆化。

每种退化模式都以不同的方式影响结构强度，应采用适当的技术进行分析。例如，腐蚀首先会影响钢构件厚度。在计算截面特性（例如面积和惯性矩）时，可以考虑金属损失，包括壁厚减薄。此外，如果金属损失是不对称的，腐蚀可能会导致构件偏心。这需要重点关注，因为偏心率对构件的屈曲承载力影响较大。此外，腐蚀可能导致更广泛的疲劳开裂，在疲劳分析中必须考虑到这一点。

通过考虑四个主要因素，可以将退化机制的影响包括在强度分析中：

（1）金属损失和壁厚减薄；

（2）部件的部分开裂和位移；

（3）材料特性的变化；

（4）几何变化。

表 4.2 概述了结构强度分析中可能包含的各种退化机制。正如本节进一步讨论的，评估部件的能力需要考虑到这些老化效应。

4.4.2 受损钢结构构件的强度和承载力

离岸钢结构最可能的退化和损坏形式是腐蚀、疲劳裂纹、磨损、凹痕和屈曲。一些研究还表明，严重腐蚀的样品弹性极限降低。随着腐蚀的增加，结构变得更加脆弱（Saad - Eldeen et al.，2012）。在强度计算中需要考虑 TESE、ULS 和 ALS。

钢构件最常见的失效模式是由于弯曲、轴向和剪切荷载（或这些荷载的组合）、轴承失效以及局部和全局屈曲引起的过度应力。这些失效模式中的前四种主要受以下事实的影响：由于腐蚀、疲劳裂纹和磨损导致材料降低了截面面积和其他截面特性。此外，屈服应力的降低也会影响这些失效模式。局部和整体屈曲也会受到任何由损伤和退化引起的偏心率的影响。

表 4.2　老化效应和对结构的影响

老化效应	金属损失和壁薄	部分断面开裂及拆除	材料特性的变化	几何变化
腐蚀	×	×	×（见 Saad‐Eldeen et al.，2012）	×
开裂		×		×
凹痕				×
形状变形				×
撕裂		×		
孔洞		×		×
磨损	×			×
硬化			×	
脆化			×	

4.4.2.1　金属损失和壁厚减薄的影响

金属损失和壁厚减薄的主要影响是截面特性的减小，如面积、截面模量和惯性矩。轴向、剪切和承载力将取决于截面面积（或能够承载这些荷载的截面面积部分），截面面积的任何减少都将降低钢梁相对于这些荷载的承载力。力矩和屈曲承载力同样会受到截面模量或惯性矩变化的影响。

如果金属损失和壁厚减薄是不对称的，局部或沿着梁的方向，金属损失和壁厚减薄可能会引起偏心，正如后面讨论的几何变化一样。

钢构件强度的一个重要方面是，在发生局部屈曲之前，能够进行塑性或弹性变形的能力。根据钢梁的破坏模式，钢梁通常分为四类进行评估。第一类通常为钢梁，能够充分发挥塑性铰链的必要旋转能力，而不会降低失效前的阻力。第二类梁可以产生塑性抗弯能力，但由于可能发生局部屈曲，因此其转动能力有限。第三类梁的横截面，承载力可通过弹性方法计算，且在极限压缩前不会局部弯曲屈服。但是，如果载荷超过此水平，则必须预计局部屈曲。最后，第四类梁具有细长横截面，在极限纤维屈服前将经历局部屈曲。这四类截面的行为如图 4.3 所示。

由于腐蚀或其他退化机制而发生壁厚减薄的钢构件可能必须根据截面的新厚度重新分类。即使截面特性没有显著变化，对截面的重新分类也可能导致截面承受力矩、轴向、剪切和承载力的能力显著下降。

4.4.2.2　部分截面开裂和移除的影响

部分截面开裂和移除的影响（例如由于钻孔、大面积损坏等）通常是由于引入偏心导致截面特性和几何变化的

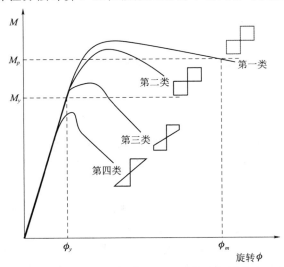

图 4.3　梁的截面类别（M_y—弹性弯矩承载力；M_p—塑性弯矩承载力）

减少。

4.4.2.3 材料性能变化的影响

材料性能可能因氢脆（见 3.3.3.2 节）、材料硬化（见 3.3.3.1 节）以及腐蚀而发生变化。如果使用非线性塑性分析（或在设计阶段使用），则由于退化，可能需要更新各种材料特性（如断裂应力）承受塑性应变和硬化的能力。

4.4.2.4 几何变化的影响

大多数退化机制将引入几何变化，通常是通过引入偏心结构构件。严重的凹痕、腐蚀、开裂等会干扰截面的几何结构和质心，从而产生可能影响截面、梁或板的屈曲能力的偏心。

图 4.4 显示了引入偏心的退化情况。

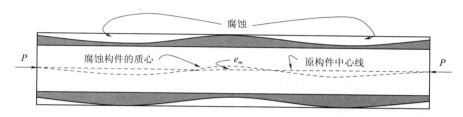

图 4.4　最坏情况外部不对称腐蚀

资料来源：Lutes et al. （2001）

4.4.2.5 退化钢构件承载力计算方法

已经发布了许多关于受损支撑构件（通常是凹痕管状支撑）强度的研究报告（Smith et al.，1979，1981，1986；Ellinas，Walker，1983；Taby，Moan，1985；Yao 等，1986；Taby，Moan，1987；Landet，Lotsberg，1992）。TESE 研究报告已达到 ISO 19902（ISO，2007）、Norsok N‑004（挪威标准，2013）和 API RP 2A（API，2014）等标准的要求，这些标准均指导如何计算通常用于导管架结构的退化管状结构钢构件的承载力。在这些标准中，应考虑凹痕和构件弯曲引起的几何变化的影响，包括凹痕和弯曲事件中通常会出现的不直度。

在这些标准中腐蚀和裂纹被构建为等效凹痕。例如，代表裂纹或腐蚀的等效凹痕在1998 年版的 NORSOK N‑004 中建议为：

$$\delta_1 = \frac{1}{2}\left[1-\cos\left(\pi\frac{A_{crack}}{A_0}\right)\right]D \ ; \delta_2 = \frac{1}{2}\left[1-\cos\left(\pi\frac{A_{corr}}{A_0}\right)\right]D$$

式中：δ_1 为由裂纹引起的等效凹痕；A_{crack} 为横截面裂纹部分的面积；δ_2 为由腐蚀引起的等效凹痕；A_{corr} 为横截面腐蚀部分的面积；A_0 为未损坏或未腐蚀构件的横截面面积；D 为未损坏构件的外径。

图 4.5 显示了基于 1998 年版 NORSOK N‑004 的凹陷管状构件承载力降低的示例。30mm 凹痕（或腐蚀部分的 10%）的承载力下降 20%，85mm 凹痕（或腐蚀部分达 17%）的承载力下降 50%。这些凹痕和腐蚀部分在检查过程中很难找到，特别是涉及海洋附着物的时候。因此，对于可能存在许多此类凹痕和腐蚀部分的老化结构，对结构承载力的影响是显著的，这一点容易被忽视。

DNVGL‑CG‑0172（DNVGL，2015b）为船形结构、半潜式结构（柱稳定单元）和

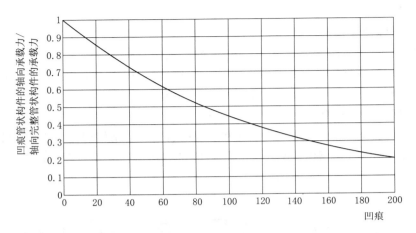

图 4.5 凹痕管状构件的轴向承载力降低（$D=1.2\mathrm{m}$；$t=10\mathrm{mm}$）

自升式平台中退化钢构件的承载力计算提供了指导。船舶结构和其他浮式离岸钢结构通常通过其船体梁的承载力、单独的面板屈曲检查和局部构件尺寸的最低要求来保证。分类规则和一些标准也给出了一些如何进行评估计算的指导。然而，有关这一主题的研究仍在进行。Saad Elden et al.（2013，2015）表明随着腐蚀程度的增加，船体梁的承载力显著降低，且严重腐蚀构件的承载力降低了 3 倍。

4.4.3 受损混凝土结构构件的强度和承载力

如 3.4.5 节所述，离岸混凝土结构最可能的损坏形式是钢筋保护层损失、钢筋腐蚀、坠物或船舶碰撞对混凝土的意外损坏以及预应力筋腐蚀。此类损坏与强度的影响以及可能导致腐蚀或操作能力丧失的进水有关。混凝土支腿的意外损坏可导致泄漏和单元内的压力失去控制，从而导致单元/支腿连接件的应力过大或直接损失受损区域的强度。

钢筋混凝土保护层的局部损失可能导致强度损失最小。但是，如果不修复这一损失，可能会导致钢筋出现更严重的局部腐蚀，但这不太可能在局部水平上显著影响整体强度。

坠物对存储单元顶部的意外损坏可导致强度损失和海水围堵。这在少数情况下发生，严重的损坏需要修理。在一个案例中（海洋结构物，2009），500mm 厚的单元屋面板受到掉落物体的损坏，造成 300mm 的深孔，导致漏水现象。通过在孔内预先包装集料、用钢板覆盖孔并注入水泥浆以恢复原始混凝土轮廓来进行修补。

船舶撞击对支腿上混凝土保护层造成的损坏也可能需要维修，特别是为了限制未来钢筋的腐蚀。海洋结构物（2009）引用的一个船舶撞击实例导致水从破裂的墙壁中渗出。使用树脂和填缝材料对受损区域进行外部密封修复，然后在内部移除一段墙并重筑。

在许多混凝土平台中，基础单元和支腿相邻部分的应力受单元内部压力的影响，单元内部压力状态的损失可直接导致结构可能出现的应力过大。该压力由压载集箱中某一支腿内的水位控制。相对于邻近的海水，单元的正常低压为 3～4bar（0.3～0.4MPa）。压载水系统的任何故障或由于损坏而导致压载水系统进水，都可能导致压载水系统失去控制，并可能导致结构应力过大。

　　如 3.4.5 节所述，在未完全灌浆的管道中，预应力筋的腐蚀可能导致强度损失。在健康与安全执行局（HSE，1997）委托和报告的一项研究中，调查了由于腐蚀引起的局部预应力损失导致典型离岸混凝土结构强度损失的可能性。该报告还对预应力筋的不同检测方法进行了综述。报告中，对一个典型结构分析表明，10%的预应力损失会导致可靠性降至目标值以下，并且在设计波浪荷载作用下，40%的预应力损失可能导致支腿失效。此外，所有钢筋束都必须在同一节段内失效，这对于灌浆管道来说是不可能的。然而，正如一份关于陆基结构的报告（Tilly，2002）所指出的，有证据表明，同一路段发生了故障，主要是由于锚固故障造成的。在离岸结构物中，垂直钢筋束的锚固可能比桥面板中使用的水平后张梁更容易受到灌浆不足的影响。由于这些垂直钢筋束在限制因波浪荷载引起的支腿弯曲方面起着重要作用，因此对锚具的检查非常重要，如果损坏，则需要进行修复。

　　报告（Tilly，2002）还确定了离岸混凝土结构中最脆弱的区域是甲板和平台支腿之间的钢-混凝土过渡区。报告建议对该位置进行检查，因为故障可能导致结构损坏。

　　报告还指出，当结构达到其设计寿命并考虑延长寿命时，有必要评估其结构条件。包括对预应力系统的检查，以便确认其处于令人满意的状态。然而，对于已经确定桥梁类型结构，这些系统的检查却并不容易（Tilly，2002）。

4.4.4　结构导管架非线性分析（弹塑性分析）

　　如前所述，如果线性分析不能给出可接受的结果，则结构非线性分析可能是确定老化结构强度的合理方法。在实际应用中，非线性分析主要应用于导管架结构。

　　Søreide 和 Amdahl（1986）建立了导管架非线性倒塌（静力弹塑性）分析理论。Hellan（1995）和 Skalleud 和 Amdahl（2002）进一步发展了这种方法。Ultiguide 项目（DNV，1999）中给出了进行非线性倒塌分析的指南。

　　非线性静力弹塑性分析可在极限承载力状态和分项系数格式下进行，其中极限强度（或极限倒塌能力）R_{ult} 是根据荷载特征值的强度特征值计算的。然后，极限承载力状态检查执行如下：

$$(\sum Q_i \gamma_i) \gamma_m \leqslant R_{ult}$$

其中 Q_i 为第 i 个荷载，γ_i 为第 i 个荷载的分项系数，γ_m 为材料系数。由于高级分析中引入的不确定性，如 DNVGL-RP-C208（DNVGL，2016b），通常建议采用非线性分析的附加安全系数。在实际应用中，由于这是一种非线性分析，不能采用叠加原理，因此必须将荷载逐一加入分析中。对于导管架式结构，通常首先增加结构和上部结构的重量，然后增加交变荷载（如果相关），最后增加波浪荷载。

　　或者，可以使用 RSR 方法。在这种方法中，规定安全要求为设计荷载与给定荷载分布结构的倒塌承载力之比。在倒塌分析中确定结构的设计荷载（通常是特征荷载）与倒塌承载力之间的比率，通常称为 RSR。图 4.6 所示为完整结构和受损结构的说明性 Q-δ 曲线（荷载-挠度曲线）。RSR 定义为：

$$RSR = \frac{Q_u}{Q_d}$$

式中：Q_u 为最终导致结构倒塌的荷载；Q_d 为结构的设计荷载。

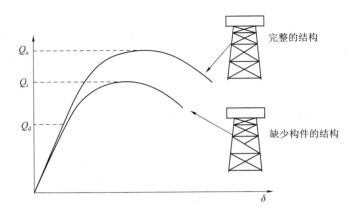

图 4.6　导管架结构的 Q-δ 解释曲线，显示完整（Q_u）和
损坏（Q_r）情况下的设计荷载水平（Q_d）和倒塌荷载水平，
其中沿垂直轴的 Q 为荷载，沿水平轴方向的 δ 为变形

除 RSR 外，还使用了一个类似参数，该参数给出了受损结构的倒塌承载力与设计荷载之比，通常称为损伤强度比（DSR）。这个系数表示结构的冗余，即结构在没有特定构件的情况下存活的能力。参考图 4.6 中的负载水平，DSR 可定义为：

$$DSR = \frac{Q_r}{Q_d}$$

式中，Q_r 是最终导致结构在受损状态下倒塌的荷载。

在 RSR 和 DSR 计算中，使用的设计荷载的参考水平通常是特征波、电流和风荷载（年概率为 10^{-2} 的荷载），其中设计荷载不包括任何荷载系数。

关键结构所需 RSR 的典型值范围为 $1.6\sim2.4$。在设计阶段选择的框架类型会对系统的储备强度产生重大影响。该参数是设计老化结构检查计划的一个因素，较高的 RSR 值可以补偿对整体性的有限检查。

剩余强度因子（RSF）给出了说明组件损坏或丢失时强度损失的附加因子，其定义为：

$$RSF = \frac{Q_r}{Q_u} = \frac{DSR}{RSR}$$

因此，RSF 是当构件损坏或丢失时对 RSR 影响的度量，因为它是结构中冗余度的良好指示。如果所有成员的 RSF 值接近 1.0，则可以认为该结构具有相对良好的冗余性。

4.5　疲劳分析和 S-N 方法

4.5.1　简介

第 3 章概述了疲劳及其对老化结构的意义。很明显，由于循环荷载的影响，离岸结构物容易疲劳，尤其是受波浪的影响。疲劳损伤在焊接接头处放大，其几何结构引入了重要的 SCFs。在高循环应力作用下，含有微观缺陷的焊缝容易产生疲劳裂纹，这些缺陷是焊接过程固有的。由于疲劳是一个时变过程，老化结构中裂纹的产生和扩展可能性逐渐增加。因此，老化和寿命延长的有效管理需要充分考虑疲劳影响，使用分析方法来确定疲劳寿命预测和适当的检查策略。

在确定疲劳寿命时，需要考虑作用于焊接接头的循环应力，这是由于结构和焊接几何结构对施加载荷的应力集中效应引起的。焊接接头处的应力分布如图 4.7 所示。名义应力（S_{nom}）是指不受焊接连接几何结构影响的构件中的应力，用于疲劳分析的名义应力法，如下所述。热点应力（S_{hot}）是可能引发裂纹的热点处的局部应力。它考虑了由于连接结构几何结构的影响而引起的应力集中，也被称为结构应力。通过线性外推从焊趾到焊趾 $3/2t$ 和 $1/2t$ 处的应力发现，如图 4.7 所示。用热点应力法对该应力进行疲劳分析，如下所述。缺口应力（S_{notch}）是指焊趾或缺口处的峰值应力，考虑到由于几何结构的影响以及焊缝的存在而产生的应力集中。该应力用于疲劳分析的缺口应力法和断裂力学评估（见 4.6 节）。

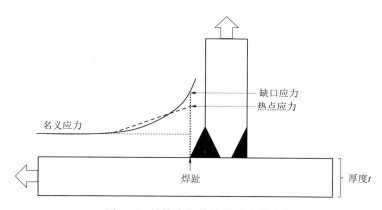

图 4.7　结构中焊接连接处的应力

疲劳分析方法是基于在循环载荷作用下产生裂纹的假设，循环次数取决于施加的载荷。初始应力/循环也对制造过程中无损检测未检测到的焊缝微观缺陷的尺寸敏感，强调了焊缝质量对疲劳寿命的重要性。裂纹扩展速率和疲劳寿命由循环应力和裂纹尺寸决定。已将含缺陷结构应力分析的经验技术和理论技术发展用于预测疲劳寿命。

4.5.2　疲劳分析方法

疲劳分析的主要方法有两种，即 $S-N$ 和断裂力学方法，这两种方法都与设计操作和离岸结构的寿命延长有关。

在疲劳设计中，基于试验数据确定 $S-N$ 曲线的方法得到了广泛应用，并且更加适用。

断裂力学方法是根据初始缺陷的扩展或结构检查中发现的缺陷来预测疲劳寿命。断裂力学可进一步用于确定极限缺陷尺寸和计划检查和修复策略，因此在寿命延长评估中很有用。当 $S-N$ 方法预测疲劳寿命不足时，断裂力学分析能够更详细地评估疲劳寿命，因为断裂力学依赖于检查测量或无损检测极限（通常为给定检查方法检测概率为 90% 的裂纹尺寸）的初始裂纹尺寸假设。

以下条件和参数对疲劳寿命的量化很重要：

- 循环载荷（与 S-N 疲劳和断裂力学评估相关）。
- 焊接细节的几何结构（与 S-N 疲劳和断裂力学评估相关）。
- 使用期间的环境条件和防腐系统的存在（与选择 S-N 曲线时的 S-N 疲劳和断裂力学评估相关）。
- 材料特性（对断裂力学评估很重要，对 S-N 评估的影响较小）。
- 偏差和偏心（对于断裂力学评估很重要，如果偏差超过结构细节 S-N 曲线中已经隐含的量，则与 S-N 疲劳相关）。
- 残余应力（对于断裂力学评估很重要，但对于 S-N 评估则不重要，因为这些应力通过 R 比隐式包含在 S-N 曲线中）。
- 恒定载荷产生的恒定应力，如重量和永久载荷（与 S-N 疲劳和断裂力学评估相关，但很少用于 S-N 疲劳）。
- 生产质量和表面光洁度（与 S-N 疲劳和断裂力学评估相关）。

4.5.3　S-N 疲劳分析

S-N 方法是疲劳寿命评估的传统方法，基于使用 S-N 曲线以及长期疲劳应力范围分布或频谱，提供每个应力范围的疲劳循环次数（N）。近几十年来，人们花费了相当大的代价来生成 S-N 曲线，特别是离岸结构部件的 S-N 曲线。

S-N 疲劳方法的基本原理如图 4.8 所示。

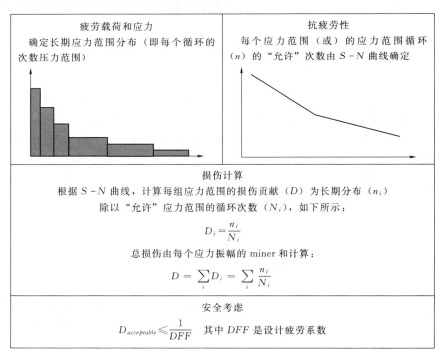

图 4.8　S-N 进近计算流程图（简化）

此过程中的步骤如下所述。

4.5.3.1 应考虑的疲劳荷载和应力

必须考虑作用在部件上的所有类型的波动和静载荷以及根据所选疲劳评估程序确定的潜在疲劳位置处产生的应力。结构中的应力来源于活荷载、自重、雪、风、波、压力、加速度、动态响应和瞬态温度变化。对疲劳载荷和应力的认识不足是疲劳寿命预测中不确定和不准确的主要来源。

离岸结构物最重要的疲劳荷载是波浪引起的整体循环荷载。平均而言，每 8～10 秒一次波浪将迫使结构在波浪方向上通过一个完整的加载周期。波浪的这种循环荷载也会在结构的其余部分引起运动和加速度，这也会产生循环荷载；特别是在浮式结构和高动力结构中，这些循环荷载非常重要。波浪也可能在结构上产生砰击荷载（例如，在浪溅区的支架和浮动结构中的板）。在特殊情况下，构件和板件可能会因撞击荷载而振动，并可能因该荷载而累积损坏。

风也是一种重要的脉动荷载，它可能对水上结构物产生周期性荷载。风引起的两个主要疲劳荷载是脉动阵风和旋涡脱落。脉动阵风与整体动力结构最为相关，而旋涡脱落与单体动力敏感构件最为相关。在某些情况下，电流也可能导致涡流脱落，从而导致疲劳。

除了就地循环加载外，运输和安装阶段也与此加载有关。在运输过程中，结构构件会受到周期性加速度的影响，并且可能会受到风引起的旋涡脱落的影响。在安装过程中，打桩会对桩产生显著的循环荷载。

焊接产生的残余应力也会对疲劳寿命产生很大的影响。拉伸残余应力由于提高了平均应力而降低了疲劳抗力，而压缩应力则通过降低平均应力而提高了疲劳抗力，从而减小了拉伸应力的范围。

从整体波荷载计算长期应力范围分布有四种方法：

（1）确定性离散波分析。

（2）简化疲劳分析（也称为封闭式疲劳分析）。

（3）频域疲劳分析。

（4）时域疲劳分析。

这些方法见 DNVGL – RP – C210。

应考虑失准（偏心）对轴向或角度失准引起的二次弯曲应力的影响。

4.5.3.2 基于 $S-N$ 曲线的疲劳承载力

疲劳应力评估有 3 种基本方法，每种方法都有特定的 $S-N$ 曲线：

（1）名义应力法。

（2）结构热点应力（SHSS）法。

（3）缺口应力法。

前两种方法是最常用的，下面将详细讨论这些方法。

$S-N$ 法的名义应力法：名义应力法是基于对标准化焊接接头和连接件的广泛试验。接头按类型、载荷和形状分类。通过试验假定和证实，相似形状的焊缝具有相同的一般疲劳行为，因此，可以对此类焊缝中的任何连接采用单一设计 $S-N$ 曲线。分析可以基于名义应力，细节和焊缝的任何应力集中效应都隐含在 $S-N$ 曲线中。但是，应包括接头附近部件宏观几何形状的影响产生的应力，如未包含在焊接等级中的大切口和集中荷载的影响。

名义应力法包括以下步骤：

1. 根据标准（如 ISO 19902、DNVGL-RP-C203）的规定，选择焊接等级和相应的 S-N 曲线。

2. 识别环境（空气、阴极保护海水和自由腐蚀海水），以选择 S-N 曲线。

3. 计算名义应力范围。

4. 修正厚度效应和偏差的应力范围（如相关）。

5. 根据 S-N 曲线确定疲劳失效循环次数。

6. 损伤计算和安全评估，如图 4.8 所示。由于名义应力是指不受焊接接头几何结构影响的平均截面应力，因此可以利用基于线性弹性行为的结构力学基本理论来确定。

应注意的是，焊缝附近的几何特征，如切口和过渡、集中力和反作用力，可能会影响超出焊接等级范围的应力场。在这种情况下，为了获得名义应力，可以采用有限元法（FEM）建模。利用有限元方法，可以实现简单、粗糙的网格划分。但是，必须注意确保在计算时修正（局部）名义应力。

热点应力法——在没有标准化焊接等级或必须考虑特定细节尺寸变化的情况下，更复杂细节的疲劳设计通常基于热点应力法。SHSS 包含几何应力集中，这更能代表所经历的应力。热点应力是焊趾处的局部应力，考虑到接头的整体几何结构（不包括焊接形状），如图 4.7 所示。在最新的代码版本中，焊趾处的应力是从焊趾附近的两个或三个点推断出来的，例如，根据 DNVGL 的 RP-C203（DNVGL，2016a）中的建议。

S-N 方法计算中使用的热点应力通常以名义应力乘以 SCF 给出：

$$\Delta\sigma_{\text{HotSpot}} = SCF\,\Delta\sigma_{\text{nominal}}$$

然而，热点应力也可以直接计算，例如通过有限元分析。

热点应力法用于管状结构，并给出了简单管状接头配置的参数 SCF 方程（参见，例如，Efthymiou，1988）。这些更现代的计算管接头 SCF 的方法使用了一种通用的影响函数方法，该方法区分了接头中的载荷类型。值得注意的是，近年来，管状接头的 SCF 方程不断发展。许多旧结构的设计信息有限，早期主要依赖 Alpha-Kellogg 方程，见 Kinra 和 Marshall（1980），并未反映几何参数和荷载参数的多种组合。这些方程通常被认为是预测不足的联合 SCF。随后进行了大量的研究和开发工作，得出了广泛的离岸管接头参数方程。因此，使用当前标准中的 SCF 方程对此类结构进行重新评估明显更为先进，并可能产生明显不同的疲劳寿命预测，这可能低于最初的预测。

设计 S-N 曲线：设计 S-N 曲线已开发用于名义应力法、热点应力法和缺口应力法。

根据焊接接头中的几何结构和波动应力方向，将名义应力法的 S-N 曲线分为几个等级。每个类都有一个指定的 S-N 曲线。根据规范中给出的标准（例如 DNVGL-RP-C203），每个可能产生疲劳裂纹的施工细节应放置在其相关的接头等级中。疲劳裂纹可能在多个位置出现，例如每个连接部件的焊趾、焊根和焊缝本身。每个位置需要根据规范、标准和指南中的指南进行单独分类。接头类型，包括板对板、管对板和管对管连接，按字母顺序分类，其中每种类型与试验疲劳试验确定的特定 $S-N$ 关系有关。例如，挪威和英国规范引用了简单板连接的 D 曲线，荷载横向于焊接方向。

在热点应力法中，应使用不包括几何应力集中效应的 $S-N$ 曲线。在 DNVGL-RP-C203 中，建议采用 D 曲线。导管架管接头的疲劳分析通常采用热点应力法，并结合 SCF 的参数方程进行。针对管状接头开发了一条特定的 T 曲线，并将其纳入离岸结构的大多数疲劳标准（如 DNVGL-RP-C203）。

设计 $S-N$ 曲线基于相关实验数据的特征值，即平均值减去两条标准偏差曲线。它类似于用于材料特征强度的方法。因此，$S-N$ 曲线与 97.7% 的生存概率相关。基本设计 $S-N$ 曲线如下：

$$\lg N = \lg A - m \lg S$$

式中：S 为应力范围；N 为应力范围 S 的预计失效循环次数；m 为 $S-N$ 曲线的负反斜率（通常 $m=3$）；$\lg A$ 为 $S-N$ 曲线上 $\lg N$ 轴的截距。

$S-N$ 曲线通常在 $\lg S$ 和 $\lg N$ 之间具有双线性关系，坡度从 1/3 到 1/5 的变化通常发生在 N 处，周期为 $10^6 \sim 10^7$ 次。$S-N$ 曲线的右下侧反映了在低应力范围内对接头进行试验确定的相当长的寿命。

环境对 $S-N$ 曲线选择的影响：各种离岸结构规范［如 ISO 19902：2007 和 DNVGL-RP-C203 （DNVGL，2016a）］中给出了具有防腐功能的海水中结构的设计 $S-N$ 曲线。一般来说，在高应力范围（N 小于 10^7 个循环）下，海水在自由腐蚀下的疲劳寿命约为空气中寿命的 1/3。

阴极保护疲劳数据清楚地表明，虽然疲劳寿命低于空气中的疲劳寿命，与自由腐蚀相比，阴极保护可以大幅提高疲劳寿命。这要求 CP 水平保持在适当的范围内（如 3.4 节所述），并且很明显，CP 系统的维护是离岸结构物疲劳寿命管理的一个重要方面，特别是在涉及寿命延长的情况下。实际上，维护 CP 系统的失败可能会导致结构老化。

4.5.3.3 损伤计算

$S-N$ 曲线主要基于在一个应力水平下暴露于循环应力的试样的试验。在现实生活中，结构元件，特别是离岸结构物，受到不同的应力。离岸结构物的 $S-N$ 曲线是根据在可变振幅载荷（以有效应力范围表示）下获得的数据来模拟海洋环境得出的。Miner（或 Palmgren-Miner）求和是确定累积损伤最常用的方法。该规则基于这样的假设，即累积的总损伤是通过每个单独应力范围的损伤的线性总和获得的，其计算公式为：

$$D = \sum_i D_i = \sum_i \frac{n_i}{N_i}$$

式中：D 为总累积损伤；n_i 为在等幅应力（$\Delta \sigma_i$）范围内的循环次数；N_i 为等幅应力（$\Delta \sigma_i$）范围下失效循环次数。

4.5.3.4 设计疲劳系数的安全考虑

在 $S-N$ 方法中，通过应用设计疲劳系数（DFF），引入了安全界限，其值取决于被评估结构部件的临界性和可接近性。ISO 19902（ISO，2007）、Norsok N-001（挪威标准，2012）和美国航运局（ABS）文件"离岸结构物疲劳评估指南"（ABS，2014）中的设计疲劳系数范围为 1～10。ISO 19902 中的安全系数见表 4.3，NORSOK N-001 中的安全系数见表 4.4。

表 4.3　　　　　　　　　　　　　　ISO 19902 疲劳安全系数

	危　急	非　关　键
无障碍	5	2
无法访问	10	5

表 4.4　　　　　　　　　　　　NORSOK N - 001 疲劳安全系数

基于损伤后果的结构构件分类	不便于检查和维修或在浪溅区	可进行检查、维护和维修，以及计划进行检查或维护的地方	
		浪溅区以下	浪溅区以上或内部
实质性后果	10	3	2
没有实质性后果	3	2	1

与之前使用的数字相比，ISO 19902 DFFs 显著增加（通常为 2 的系数）。标准化委员会进行了进一步的工作，以验证这些因素，并使用 SRA 校准了 NORSOK N - 001（MOAN，1988）。

4.5.4　寿命延长疲劳评估

4.5.4.1　简介

根据规范、标准和导则 ISO 19902、NORSOK N - 006 和 ABS 文件"离岸结构物疲劳评估指南"（ABS，2014）论述了固定平台和移动装置与寿命延长相关的疲劳寿命。如前所述，基本方法是通过将设计因素应用于疲劳寿命。应该指出的是，20 世纪 70 年代和 80 年代的旧设计的设计系数（通常基于 2 的系数）比现在的做法要低。

离岸钻井和支撑装置分类的 DNVGL 规则要求，当使用寿命超过设计疲劳寿命时，或当标称使用寿命超过记录的疲劳寿命时，应在更新调查之前对移动装置进行特殊评估。确定疲劳利用指数（FUI），并将其定义为有效工作时间与疲劳设计寿命之间的比率，即实际消耗疲劳能力与设计寿命之间的比率。

如果在 FUI 值达到 1 之前未发现裂纹，则在发现此类裂纹之前，无需特殊规定。如果在 FUI 达到 1 之前发现疲劳裂纹，业主需要在 FUI 达到 1 的 5 年期间更新调查之前评估相关区域的结构细节。评估的关键目的是改善结构疲劳性能（例如通过更换或磨掉缺陷）。

如果机组在达到 FUI 之前发生疲劳开裂，并且未采取结构改进形式的满意补偿措施，规范建议，这些装置应在中间检查时接受额外的无损检查（NDE），这与更新检查所需的更大范围相对应。另一项要求是，当 FUI 超过一个且确定了泄漏检测区域时，应安装经批准的泄漏检测系统。当 FUI 超过一个时，应至少每月检查两次潜在脆弱区域是否存在泄漏，并考虑其他措施，包括断裂力学裂纹扩展评估最大穿墙裂缝失效时间，可以避免泄漏检测。

ISO 19902 规定，对于延长使用寿命、重新使用或转换为新用途的结构，必须通过检查结果估计先前的疲劳损伤。不应假定没有裂纹发现就意味着先前没有损坏。根据 Miner

总和，假设焊接管接头的先期损坏为 0.3，焊接板细节的先期损坏为 0.5。这些数据是由 Tweed 和 Freeman（1987）在一项研究中得出的，该研究评估了大量管状和平板接头的启动寿命，并表示启动寿命占总疲劳寿命比例的平均估计值。本标准还认为，假设无缺陷检查，设计方可能会证明假定损坏的较低值是合理的。如果可以确定结构的既往历史，则可以通过分析来证明其合理性。然而，零值通常只用于那些将被修改以消除先前损坏的细节。《海洋结构物疲劳评估的 ABS 文件指南》（ABS，2014）具有类似的规则，以涵盖现有结构被重新使用或改造的情况。

4.5.4.2　高周期/低应力疲劳

老化结构暴露于大量低应力循环，并且通过表征低应力范围的 S-N 曲线，在若干因素中确定疲劳寿命的预测。S-N 曲线的斜率有变化，如图 4.9 所示，斜率变化点在代码开发过程中一直是争论的焦点。由于与进行此类测试相关的大量时间和成本导致的数据缺乏严重阻碍了产生足够的结果以降低 S-N 性能的不确定性。在 HSE 疲劳指导中采用 N_0 循环的斜率变化，如背景文件（HSE，1999）中所述，随后在 ISO 19902 和 DNVGL - RP - C203 中，其中 N_0 被认为是海水的 10^6 个循环。CP 基于数据的统计评估和 S-N 曲线的校准以及现有离岸结构的性能。在 API RP 2A 中使用 10^8 个循环的 N_0 值，其主要在墨西哥湾使用，其中结构由于不同的环境标准而不易受疲劳损害。较大的 N_0 值的作用是减少预测的疲劳寿命。自由腐蚀的 S-N 曲线的斜率没有变化，这凸显了如果不能充分保持腐蚀防护系统，旧结构中加速疲劳损坏的可能性增加。附录 C 中包含了考虑到使用寿命期间腐蚀环境变化的简化疲劳计算示例。

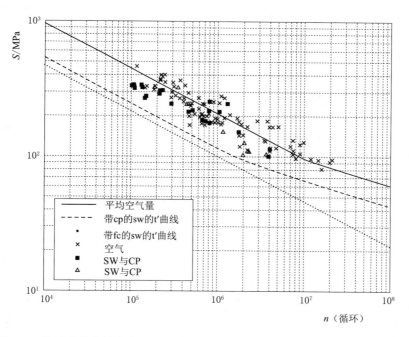

图 4.9　海水中管状接头的 S-N 数据 阴极保护；FC，自由腐蚀；SW，海水

数据来源：HSE，1999

4.5.4.3 低周期/高应力疲劳

$S-N$ 曲线的低周期/高应力范围定义为 $N<10000$ 次。疲劳寿命评估的 $S-N$ 方法适用于弹性范围内的循环应力。然而，在离岸装置中，节点和其他连接处的应力集中可能在某些情况下导致循环应力超过材料的局部屈服应力，特别是在以应变而非应力为特征的低循环区域。由于缺乏数据（进行大幅度振幅的相关试验实际非常困难），通常将 $S-N$ 曲线外推至离岸结构物评估中的低周疲劳区域，但审查低周期/高应力疲劳（HSE，2004）表明，在实验室试验中观察到的低循环/高应力区域，疲劳寿命可能低于公认设计曲线预测的寿命。适用于此类情况的高水平循环应力在静态强度检查中是不可接受的，并且由于材料屈服，预计不会出现在实际离岸装置中。然而，早期离岸结构物的设计符合静态强度设计标准，该标准不反映当前的知识，而且明显没有解决设计实践中包括的极限荷载水平，即 100 年一遇的风暴事件，以及最近的 10000 年一遇的风暴事件。建议在 DNVGL-RP-C203 中进行低周疲劳评估，非线性分析用于确定极端风暴事件下离岸结构的完整性，NORSOK N-006 中提供了进一步的指导。

低周期/高应力疲劳与桩尤为相关。从历史上看，考虑循环荷载对桩性能影响的分析是有限的。然而，自 20 世纪 80 年代以来，进行全面疲劳分析是很常见的。考虑到打桩过程中显著循环荷载（包括冲击波反射）的影响以及作业过程中波浪荷载的影响。在将导管架结构运输至现场的过程中，由于驳船运动和加速产生的循环载荷，也出现了低周/高应力疲劳失效。此外，低周期/高应力疲劳与船型结构的横向和纵向舱壁有关，在整个寿命期间具有满载反转和加载—卸载循环（DNVGL-RP-C206）。

打桩过程会产生很高的应力范围疲劳循环，因此预计会对桩的完整性造成很大的破坏。这影响到剩余寿命，因此是寿命延长管理中的一个重要考虑因素。打桩引起的应力既有显著性又有压缩性。应力的大小可以和材料的压缩屈服强度一样高，有可能导致材料屈服。将桩打入海底后，由于冲击波的反射，应力范围扩大，从而产生与压力荷载相当的高拉伸应力。周期应力的拉伸部分可能和材料的拉伸屈服应力一样高，甚至导致屈服。

影响高周期、低周期疲劳、平均应力和应力水平有效应力范围的因素是焊缝中的残余应力水平。假定桩焊接中存在高拉伸残余应力，通常认为这些残余应力具有一定的屈服强度。高拉伸残余应力与外加应力的叠加会产生显著的影响：引入正有效平均应力，减小应力循环的压缩元件的数量，增加拉伸元件，可能导致塑性。压缩循环应力被认为比拉伸循环应力的破坏性小。因此，为了降低残余应力水平，通常在制造后对桩进行焊后热处理。这会降低打桩和作业期间的有效平均应力，并导致应力循环中较大比例的压缩。这减少了拉伸应力循环，从而减少了疲劳损伤。

由于检测桩不可接近，对残余应力的保守假设是必要的。应注意的是，由于打桩过程中施加的荷载相互作用，以及随后在使用过程中经历的循环疲劳荷载（通常称为"安定"），打桩过程可能会降低高残余应力。这表明，虽然在打桩过程中可能造成重大损害，但假设对桩疲劳做出保守假设，则使用中的损坏可能低于预期-这是在审查老化离岸结构的完整性时应考虑的因素。

然而，有关打桩和长期作业对残余应力的影响以及使用寿命期间对桩的疲劳损伤的信息非常有限。这增加了对超出原始设计寿命的离岸结构物结构完整性的不确定性管理。

Lotsberg et al.（2010）报告了使用寿命约为 30 年的退役离岸结构物（EDDa 平台）中桩的疲劳承载力和残余应力的研究，对焊缝的检查中没有发现疲劳裂纹。结果非常有限，但有人注意到一些残余应力具有屈服强度大小，表明几乎没有安定。疲劳试验结果支持将 DNVGL－RP－C203（DNVGL，2016a）中的 D S－N 曲线或 E S－N 曲线与对接焊缝的未对准 SCF 结合使用。Lotsberg（2016）对壁厚为 100mm 的桩的打桩和疲劳寿命的运行阶段进行了可靠性研究。Lotsberg 得出结论，对于不可检测的关键位置，疲劳寿命的设计系数 3（与 ISO 19902 中的系数 10 相比）适用于寿命延长平台中的桩，前提是桩的打桩应力循环已得到控制和记录。

如果对老化过程的理解不够透彻，无法在重新评估研究中确定地加以考虑，那么就可能对现有基础的状况产生相当大的影响。

4.6 断裂力学评价

4.6.1 简介

断裂力学分析为海洋结构物 S－N 疲劳寿命评估提供了一种补充方法，在评估老化装置和寿命延长方面特别有用。

与传统的 S－N 方法不同，它能够评估在制造和使用中检查期间检测到的缺陷。原则上，它提供了比 S－N 方法更详细的剩余寿命预测方法。一个明显的优势是，它能够通过分析与寿命延长阶段相关的参数来评估寿命延长——它具有考虑精确几何结构和载荷变化的灵活性，并且能够同时检测到缺陷的严重性和待评估的寿命。此外，使用确定性和概率性方法，提供了一种安排检查范围和频率的方法，并根据可接受的风险水平确定适当的检查技术。然而，断裂力学分析建立在缺陷存在的假设之上，在未检测到缺陷的情况下，通常假定与应用无损检测方法检测到的极限尺寸相对应的缺陷尺寸，并依赖于无损检测数据解释的专业知识以及与检测和尺寸确定概率相关的合适尺寸的选择，以确保安全，同时避免过度保守。此外，应注意的是，断裂力学方法假定，一般线弹性分析原则适用于裂纹或缺陷附近发生的局部屈服以外的地方，不适用于非常小的，即微观缺陷，其中非线性效应主导裂纹区域，尤其是在高应力集中的焊接接头处。

多年来，离岸结构物的缺陷评估程序已为焊缝的设计、制造和检查制定出来。当安装第一个结构时，这些限制非常有限。然而，通过多年来进行的大量研究，使得人们更好地了解了结构失效的原因，并随后改进了完整性评估的指导。适用于离岸结构物的主要标准为 BS 7910：2015（BSI，2015）和 API 579（API，2016）。

具体应用如下：

（1）评估已经存在疲劳裂纹的接头的剩余疲劳寿命。

（2）评估维修需求。

（3）确定运行中检查的最佳频率。

（4）评估制造期间或焊补后的焊后热处理要求。

（5）评估给定细节的几何或应力参数变化的影响。

（6）评估简单接头分类不能充分表示的接头细节。

（7）评估某些离岸结构中使用的铸件的结构完整性。

BS 7910 程序适用于非常广泛的几何结构。关于电镀焊接接头的更广泛指南涵盖了对电镀近海结构的评估。BS 7910 包括可用于设计和在役检查的离岸管状结构的特定指南。特别注意评估已知或假定的焊趾缺陷，包括在轴向和/或弯曲荷载下圆截面管之间 T、Y 或 K 型接头的支撑或弦杆构件使用中发现的疲劳裂纹。该指南也适用于评估离岸结构物中可能发现的其他细节，例如管状构件中的环形焊缝、管道附件和板结构中的焊缝。BS 7910 包括概率评估程序，见 4.7 节。

离岸结构焊接接头疲劳裂纹扩展和断裂评估程序的基本组成部分如下：

（1）整体结构分析。波浪荷载产生的疲劳和风暴荷载对应的支撑名义应力分量的确定。

（2）局部接头应力分析。确定热点 SCFs 和弯曲程度，即弯曲与穿过壁厚的总应力的比例，与裂纹位置相关。

（3）应力谱的测定。生成关节热点应力范围柱状图。

（4）疲劳裂纹扩展分析。综合适当的疲劳裂纹扩展规律来确定剩余疲劳寿命。

（5）断裂分析。使用失效评估图（FAD）来确定预期会发生断裂或塑性倒塌的缺陷尺寸，讨论如下。

尽管静强度/塑性倒塌评估需要具体的方法来反映不同类型结构的静强度分析方法，但上述原则与电镀和管状离岸结构都相关。

4.6.2　疲劳裂纹扩展分析

利用断裂力学预测疲劳裂纹扩展是基于疲劳裂纹扩展规律的。Paris 和 Erdogan（1963）确定疲劳裂纹扩展速率与应力强度因子 ΔK 的范围有关，如图 4.10 所示。裂纹扩展有三个阶段：

（1）第一阶段：只有当应力强度因子范围超过阈值应力强度因子范围 ΔK_{th} 时，才认为裂纹扩展发生。

（2）第二阶段：在中间值 ΔK 时，在对数尺度上，裂纹扩展速率与 ΔK 之间存在近似线性关系。这通常由 Paris 方程表示：

$$\frac{\mathrm{d}a}{\mathrm{d}N} = C(\Delta K)^m$$

其中 C 和 m 是材料常数。

（3）第三阶段：这一阶段的特点是加速裂纹扩展，当最大应力强度因子达到临界水平 K_{cr} 时，裂纹扩展变得不稳定并导致断裂。

Paris 法仅适用于第二阶段地区。已经提出了各种其他疲劳裂纹增长规律，以考虑第一阶段裂纹增长，这可以代表总疲劳寿命的很大比例，以及其他因素，例如 R 比，以考虑平均应力效应。Bathias 和 Pineau（2010）对疲劳裂纹扩展规律进行了综述。

疲劳寿命或剩余疲劳寿命是由疲劳裂纹扩展规律综合决定的。疲劳裂纹扩展评估的关键输入汇总在表 4.5 中。

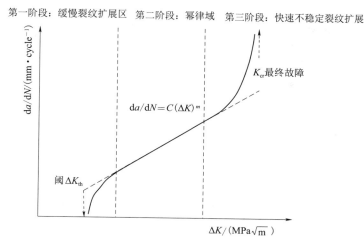

第一阶段：缓慢裂纹扩展区　第二阶段：幂律域　第三阶段：快速不稳定裂纹扩展

图 4.10　疲劳裂纹扩展速率曲线

表 4.5　　　　　　　　　　断 裂 力 学 寿 命 评 估

加　载　数　据	材　料　数　据
• 响应分析	• 材料参数
• 荷载—时间历程	• 选择裂纹扩展曲线的环境
• 应力分析	
• 循环计数	• 裂纹扩展曲线（如 BS7910）
• 应力谱	

疲劳寿命的计算需要结合 Paris 法：

$$N = \int_{a_i}^{a_f} \frac{\mathrm{d}a}{C(\Delta K)^m}$$

式中：a_i 为初始裂纹尺寸；a_f 为最终或临界裂纹尺寸。

疲劳裂纹扩展规律的集成提供了一种将疲劳循环次数、缺陷尺寸、部件几何结构、施加的载荷和材料特性联系起来的方法，以预测剩余疲劳寿命或临界裂纹尺寸，因此它尤其与老化和寿命延长的评估有关。

King et al. 对近海结构钢疲劳裂纹扩展速率数据进行了详细的重新评估（1996 年）。审查内容包括：

（1）在空气和海水中，在自由腐蚀条件下，在 -850 和 -1050 mV Ag/AgCl 水平下，屈服强度高达 1000MPa 的中高强度钢。

（2）空气环境中的奥氏体不锈钢数据。

（3）铁素体钢和奥氏体钢的临界应力强度系数。

（4）因平均应力和残余应力效应产生的 R 比效应。

（5）根据焊接接头的试验 S-N 数据对研究建议进行基准测试。

利用最小二乘曲线拟合得到了 Paris 常数 C、m 和标准差，从而确定了加上两条标准差设计曲线。根据平均应力水平，海水中自由腐蚀的平均裂纹扩展速率比空气中的快，系数在 2.4 和 3.0 之间变化，没有证据表明在低值 ΔK 下存在阈值，这与修订版中的建议一致。焊接板和管接头 $T'S$-N 曲线上环境折减系数为 3 的 HSE 疲劳指南（纳入 ISO，2007），在 10^7 次循环下，自由腐蚀时坡度无变化。

由于裂纹尖端区钢的充氢可以促进其他机制的发展，因此对于含阴极保护的海水，疲劳裂纹扩展关系更为复杂。这会导致在较高的 ΔK 值下裂纹增长率的增加，这反映在 S-N 曲线中，该曲线显示在具有 CP 的海水中疲劳寿命降低。对于空气、含 CP 海水和无腐蚀海水中的疲劳裂纹扩展，推荐使用双线性曲线。

给出了平均值和平均值加上两个标准偏差曲线，适用于 $R < 0.5$ 和 $R > 0.5$。除非已知应用荷载和残余应力分布的详细信息，否则建议使用平均值的常数加上两个标准偏差，且 $R > 0.5$。

大气数据适用于 100℃ 以下屈服强度达 800MPa 的钢（不包括奥氏体钢）。

有关海水的建议是基于人工海水或 3% 氯化钠溶液在 5~20℃ 温度范围内和 0.17~0.5Hz 频率（典型的离岸条件）下获得的疲劳裂纹增长率数据，因此仅限于这些范围。它们适用于屈服强度高达 600MPa 的钢（不包括奥氏体钢）。

对于 $0 < R < 0.5$，阈值应力强度因子范围 ΔK_{th} 与空气和海水中疲劳裂纹扩展的 R 比率通过以下等式相关：

$$\Delta K_{th} = (170 - 214R) \qquad \text{Nmm}^{-2/3}$$

在 R 比为 0 和 0.5 时，分别给出 170 和 63Nmm$^{-3/2}$ 的 ΔK_{th} 值。在 BS7910 中，对于有自由腐蚀的海水，建议阈值应力强度因子范围为零。疲劳裂纹扩展速率特性反映了海水和自由腐蚀的 S-N 曲线的斜率变化趋势。

应力强度因子范围由一般表达式给出。

$$\Delta K = K_{max} - K_{min}$$

其中

$$K = Y\sigma\sqrt{\pi a}$$

$$\Delta K = Y\Delta\sigma\sqrt{\pi a}$$

式中：σ 为应力；a 为裂纹深度。

板中裂纹的应力强度因子解是现成的。然而管接头的解决方案更为有限。虽然数值方法提供了最真实的应力强度因子预测，但通过数值方法确定管接头裂纹的应力强度因子解需要复杂的建模和应力分析，因此，只有有限数目的解决办法是可用的，例如 Rhee et al. (1991) 和 Ho、Zwernemann (1995)。最广泛的解决办法是从有限元分析中获得的 T 形接头和 Y 形接头含有半椭圆表面裂纹在鞍点弦。给出了裂纹最深点和表面点的解。Bowness、Lee (2002) 的后续研究从 T 形对接接头的半椭圆表面裂纹的解中得出了 T 形管接头的应力强度因子解。

权函数法为应力强度因子解的计算提供了一种替代方法，对管节点等复杂几何结构的计算具有一定的参考价值。Niu、Glinka (1987) 以及 Shen、Glinka (1991) 中给出了权重函数的示例。

4.6.3 断裂评估

断裂评估程序基于 FAD 的使用，如图 4.11 所示，它结合了断裂和塑性倒塌的考虑。断裂参数 K_r 用塑性破坏参数 L_r 表示，即 $K_r = f(L_r)$。K_r 是由一次应力和二次应力的应力强度因子分量导出的，该应力归一化为材料断裂韧性，L_r 是一次荷载与塑性倒塌荷载之比。断裂韧性根据 BS EN ISO 15653：2018 确定。缺陷的可接受性是基于确定评估点是否位于功能 $K_r = f(L_r)$ 表示的 FAD 边界内，以及基于 L_r^{max} 最大值的截止点，超过该临界点，预计会发生塑性倒塌：

$$L_r^{max} = \frac{(\sigma_y + \sigma_u)}{2\sigma_y}$$

式中：L_r^{max} 为使用平均材料特性值推导。

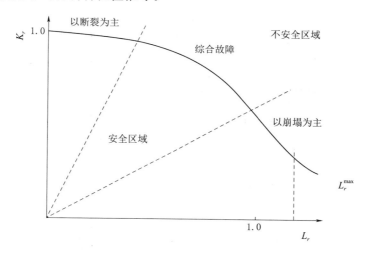

图 4.11 故障评估图 (FAD)

有三个评估级别：选项 1、选项 2 和选项 3，以增加复杂性和减少保守性。选项 1 FAD 不要求已知材料的应力应变特性。选项 2 FAD 要求已知最大 σ_u 的平均应力-应变曲线。方案 3 FAD 针对所评估部件的材料特性、几何结构和荷载，并需要评估相关荷载的弹性和相应的弹塑性 J 积分，以得出 K_r 与 L_r 的关系图。

离岸结构物的断裂评估程序通常基于选项 2 FAD 对低加工硬化材料的使用，这代表了离岸结构钢的性能。应首先确定所有荷载效应，以获得最大荷载的最佳估计值，不包括极限承载力状态设计规范规定的荷载系数，以避免不必要的保守。BS 7910 程序允许使用局部倒塌或整体倒塌分析计算管状接头的倒塌参数 L_r。应用于结构构件的局部倒塌法通常非常保守，而采用全局法（包含更真实的边界条件）往往能给出更真实的管状接头塑性倒塌预测。

4.6.4 断裂韧性数据

裂纹尖端张开位移（CTOD）δ_c 是离岸结构物通常使用的断裂韧性参数，而 k_{Ic} 断裂韧性参数则用于管道。评估中使用的断裂韧性值应基于统计分析。该分析应基于相同材料和断裂机理的数据。等效断裂韧度值被视为与 50% 置信度的 20 百分位数或 50% 置信度的 33 百分位数相对应的特征值，并被视为平均值减去一个标准偏差值。

4.6.5　残余应力分布

残余应力是焊接接头断裂评定中的重要考虑因素。PD 6493：1991，建议假定焊态残余应力分布为纯膜应力，等于材料在室温下的屈服强度。

然而，当应用于离岸结构时，该指南通常是非常保守的，并且在与离岸结构相关的焊接接头几何结构（即节点接头、环向管对接焊缝、管道焊缝、T 形对接焊缝和补焊均纳入 BS 7910）中的厚度残余应力分布上限指南也是如此。

按照 BS 5500 在封闭炉中进行焊后热处理的结构中，BS 7910 建议轴向残余应力为所在缺陷材料屈服强度的 30%，焊缝横向残余应力为焊缝和母材屈服强度的 20%（取较小值）。应注意的是，根据规范要求，在特定焊缝处进行局部热处理（而不是对更大数量的结构进行热处理），可能会产生更高水平的残余应力，应针对每种情况进行具体评估。

4.6.6　断裂力学在寿命延长中的应用

断裂力学分析是一种特别有用的工具，用于评估超过设计寿命的结构完整性，以及评估通常与老化和寿命延长有关的缺陷和损伤的重要性。具体应用包括：

（1）剩余疲劳寿命的预测。

（2）评估缺陷的关键性/维修需求。

（3）评估结构修改或荷载变化。

（4）检查计划和检查间隔的优化。

断裂力学的关键强度是通过应力强度因子（K）、疲劳裂纹扩展规律和断裂韧度，将缺陷尺寸、结构几何、载荷、破坏载荷和剩余疲劳寿命等相关参数联系起来。因此，该方法具有足够的灵活性，可以考虑设计假设的变化，并考虑缺陷，以量化老化结构的完整性和任何寿命延长阶段的程度。与 $S-N$ 方法不同，$S-N$ 方法基于应力循环谱和设计 $S-N$ 曲线的使用，能够预测设计寿命，不考虑检测到的缺陷。

离岸结构物剩余寿命的计算是基于在环境疲劳载荷作用下裂纹由缺陷引起并扩展的假设。断裂力学预测对输入参数非常敏感，尤其是对施加的载荷和缺陷尺寸非常敏感，如果要获得有意义的结果，则需要仔细考虑这些参数。这需要使用适当的技术对结构进行检查，以确定相关的缺陷尺寸。如果未检测到缺陷，则采用检查技术的最大限度数值。海洋结构件的复杂几何结构在应力强度因子评估中引入了不确定性。管接头的 K 解范围有限，大多数情况下使用二维裂纹的标准板解。板解方案的应用倾向于产生保守的剩余寿命预测。

缺陷是老化的其中一个特征，断裂力学分析能够评估这些缺陷的临界性。对剩余寿命的评估可以决定是否需要进行缺陷修复和评估缓解措施，例如通过打磨/焊接成形去除缺陷。断裂力学还提供了一种预测含贯穿厚度缺陷接头剩余寿命的方法。在很大程度上依赖于使用水下构件检测（FMD）对下部结构进行检查的情况下，断裂力学可以提供有关缺陷临界性的附加信息，补充结构坚固性的信息，并能够适当安排维修。对含有贯穿厚度缺陷的管节点的断裂力学分析表明，从壁厚贯穿到构件破坏的剩余寿命较短，预测周期为 $0.5\sim3$ 年。

断裂力学在老化/寿命延长方面的其他应用包括：通过模拟修改后的结构来评估结构修改，并使用更新后的应用载荷重新评估剩余寿命，这可能是由于更新的海洋气象数据、结构重新分析或修订设计规范标准。

断裂力学分析尤其与通过检查来管理老化和延长寿命有关。对缺陷的评估使检查频率能够根据裂纹扩展的预测进行评估，从而得出剩余疲劳寿命的信息。检查过程的目的是在缺陷扩展到一定尺寸并可能导致结构发生故障之前检测到缺陷，并对部件进行维修。这导致了概率检查方法的发展，这些方法旨在识别和检查对结构完整性最关键的焊缝。附录 C 中包含了一个评估不同初始裂纹尺寸寿命延长的半潜式平台的断裂力学计算实例。

4.7 概率强度、疲劳和断裂力学

事实上，概率分析师似乎说："给我随机变量或随机函数的概率密度，我将计算结构的可靠性！"。这让我们想起阿基米德著名的一句话："给我一个支点，我将撬动地球！"。

Elishakoff（2004 年）

4.7.1 简介

强度和疲劳裂纹扩展的预测需要使用数据，这些数据必然具有相当大的不确定性。如 2.2 节所述，在设计方法中，应使用适用于标准拟涵盖的各种结构和材料的特征值来处理这种不确定性。为了确保这些标准化特征值对所有可能根据标准设计的结构都足够安全，可以选择安全的设计值。对于特定的结构，标准化的值在寿命延长方面可能足够精确。

采用标准方法计算强度和疲劳寿命时，会受到与建模过程三个方面相关的统计变化和不确定性的影响：

（1）海洋环境、响应和缓慢变化的荷载。

（2）结构。

（3）承载力。

此外，制造过程中也会引入不确定性（错位、焊接缺陷等）。对于老化结构，不确定性还将受到退化机制和新知识（改进的设计规范、增加的结构行为知识等）的影响。

标准化设计方法的另一种选择是使用概率方法，即 SRA，以考虑这些不确定性，并确定极限承载力状态失效和裂纹发展的概率。

概率方法也可用于计划检查间隔，并在检查或维修后同时更新结构的可靠性，这将在第五章中进一步讨论。

概率程序的成功应用需要高水平的专业知识和经验，概率评估只能由适当的专家进行。此外，极限承载力状态失效预测对输入数据非常敏感。不幸的是，可能并不总是有足够的数据可用，因此在做出假设和近似值之前，应格外小心。

在大多数情况下，为变量建立足够的概率模型是可靠性分析的主要挑战。概率模型及其参数应能很好地反映真实数据。Haldar 和 Mahadevan（1999）进一步讨论了概率分布的确定。实际上，可能无法获得所有关键变量的足够信息，例如初始缺陷尺寸和材料参数。在这种情况下，建议将这些变量的可用信息中的不确定性包括在所用的概率模型中，并基于专家建议，进行敏感性分析。

4.7.2　结构可靠性分析-概述

SRA 用于分析荷载-强度系统的极限承载力状态失效和相关概率。SRA 概述可在 Ang 和 Tang（1975，1984）、Bury（1975）、Toft Christensen 和 Baker（1982）、Madsen et al.（1986）和 Melchers（1999）的研究中找到。

构件的性能由极限承载力状态函数 g 描述。极限承载力状态函数是描述结构部件荷载和承载力的一组随机变量 $X=(X_1, X_2, \cdots, X_n)$ 的函数，适当规定，事件 $g(X) \leqslant 0$ 定义了部件的极限承载力状态失效。因此，系统的极限承载力状态可以写成变量 $X_1, X_2, \cdots, X_n$ 的函数，即：

$$g(X_1, X_2, \cdots, X_n) = \begin{cases} >0 \text{ 安全状态} \\ =0 \text{ 极限状态} \\ <0 \text{ 故障状态} \end{cases}$$

其中，$g(X)=0$ 被称为极限状态表面，每个 X 表示基本荷载或承载力变量。

SRA 中使用的极限状态函数 $g(X_1, X_2, \cdots, X_n)$ 可以表示为表 4.6。

然后通过概率给出组件的这种限制状态失效的概率为：

$$P_f = P[g(X \leqslant 0)]$$

与计算的失效概率相对应的参考周期由强度恒定（与时间无关）的结构极限状态函数中的荷载参考周期定义，其中荷载被视为给定参考周期中的最大荷载。参考期通常为一年或结构的设计寿命，给出年度失效概率或寿命失效概率。

表 4.6　　　　　　　　　　**结构可靠性分析中使用的极限状态函数**

强度分析	$g=R-S$ 其中 R 是描述结构强度不确定性的随机变量； S 是描述结构荷载不确定性的随机变量
$S-N$ 疲劳	$g=\Delta-D$ 其中 Δ 是描述疲劳累积不确定性的随机变量（通常平均值为 1.0）； D 是由 Miner 总和计算得出的累积损害
断裂力学	$g=a_c-\delta_a$ 其中 a_c 是描述临界裂纹尺寸不确定性的随机变量； δ_a 描述了裂纹随时间的扩展。 或者，裂纹扩展可通过循环次数描述为： $g=N_c-N$ 其中 N_c 是描述断裂力学定义的临界循环次数的随机变量； N 是描述所经历循环次数的随机变量

以最简单的形式，将应用两个变量，表示部件的强度 X_1 和部件上的载荷 X_2。然后，极限状态函数的形式为 $g(X)=X_1-X_2$。差值 $Y=g(X)=X_1-X_2$ 称为部件的安全裕度。

如果 X 由联合概率密度函数 f_X 描述，那么结构部件相对于单一失效模式的极限状态失效概率可以形式上写为

$$P_f = \int_{g(x) \leqslant 0} f_X(x) \mathrm{d}x$$

一般来说，这个积分不能用解析法求解。可使用数值方法、模拟方法（如蒙特卡罗模拟）或半解析近似方法，如 FOSM（一阶二阶矩）、AFOSM（高级一阶二阶矩）、FORM（一阶可靠度方法）或 SORM（二阶可靠度方法），见图 4.12。根据不确定性建模中应用的详细程度，可以进行不同程度的可靠性分析。一级方法基于每个不确定参数的一个（特征）值，是 2.2.2.2 节讨论的分项系数法的基础。二级方法（FOSM 和 AFOSM 方法）除了包含参数之间的相关性外，还包括每个不确定参数的两个值（平均值和标准偏差）。三级可靠性分析方法（FORM、SORM 和蒙特卡罗模拟方法）包括所有涉及不确定参数的联合概率分布函数，是目前常用的方法。

图 4.12 极限状态失效概率计算方法 蒙特卡罗模拟

4.7.3 基于结构可靠性分析的决策

土木工程中计算或估计的"失效概率"没有真正的统计意义；相反，它们是常规的比较值。如果这一点被清楚地理解和接受，概率方法可以在使替代结构设计之间的合理比较成为可能方面发挥非常重要的作用。否则，他们很容易受到各种批评。

Augusti et al. (1984)

如 4.2 节所述，一些标准表明，SRA 可用于评估现有结构的寿命延长（如 ISO，2394、ISO，13822、ISO，19902）。一般来说，它们表明在使用 SRA 方面存在局限性，例如与分析员的知识和技能以及分析所依据的数据有关。在这些标准中，通常建议对技术及其应用进行彻底验证，并在监管机构和业主之间商定验收标准。由于这些原因，目前不可能在 ISO 19902 中提供 SRA 使用的验收标准，这表明在实践中使用这种方法很困难。

通常，极限状态失效的计算概率被视为基于概念的知识（MOAN，1997；Aven，2003），不能直接与客观验收标准（如基于社会对结构失效的验收标准）进行比较。评估 SRA 计算的概率有充分的理由，这些概率不是"真实"客观值的估计值，而是指定的基于知识的概率（或概念概率）。因此应谨慎正常使用极限状态失效概率的简单验收标准（例如，以 $P_{\text{limit state failure}} \leqslant P_{\text{acceptable}}$ 的形式）。首先，计算出的概率不是真值，不能与目标接受标准等值进行比较。第二，决策过程中需要听取监管者、工人和社会等利益相关者的意见。决策可能基于 ALARP 方法，考虑到概率和后果是基于或通过考虑几个利益相关者利

益的多属性分析得出的（ERSDAL，2005；Aven，2012）。

针对这些问题，MOAN（1997）将建立目标概率（验收标准）的建议方法描述为："目标安全水平应基于当前规范中隐含的失效概率。这种方法被提倡用于新结构的部件设计检查，以确保与现有设计实践和所采用的可靠性方法相一致。强调与该目标水平相比的失效概率应采用与确定目标概率相同的方法进行计算。此外，不确定度测量、可靠性方法和目标水平以及相关的负荷和电阻评估程序应符合可接受的设计实践。使用一般目标值时应小心，即没有上述一致性的理由。这是因为已经清楚地证明，用于离岸结构物（导管架）的不确定度测量和可靠性方法的差异在一定程度上可能会产生广泛分散的失效概率预测。"

MOAN（1997）提出了校准目标安全水平的替代方法，建议采用以下过程：

（1）可靠性方法的选择（参数分布函数、模型不确定性等）。

（2）根据现行规范的要求确定目标概率。

（3）根据该目标概率，采用相同的可靠性方法对待评估结构进行评估。

另一种方法是使用 MOAN（1997）程序，对被视为可接受安全的现有结构校准目标概率，而不是根据现行规范的要求校准目标概率。

4.7.4 通过结构可靠性分析评估现有结构

概率方法在许多方面是评估现有结构延长寿命最相关的方法，因为它们能够直接评估结构的安全性，同时考虑到所有类型的不确定性，包括结构在老化时不确定性变化。这些信息通过更新的方式并入 SRA（Madsen et al.，1986；DNVGL，2015）。然而，现有的规范和条例在基于概率方法做出决策方面还没有得到充分的发展。SRA 的目的应该是支持决策，而不是做出决策，因为计算的概率表示基于知识的极限状态失效概率，而不是对极限状态失效概率的"真实"值的估计。然而，如果正确使用该方法，并且与标准中隐含的极限状态失效概率（使用相同的概率模型）进行比较，则该方法非常有用。

SRA 在寿命延长中的应用使强度和疲劳分析中包含了所有不确定参数。此外，还可以对退化和未来退化的不确定性进行建模。然而，缺乏标准化的方法来包含这些信息。在 DNVGL - RP - C210（DNVGL，2015）中对现有结构的概率疲劳分析进行了一定程度的讨论。

SRA 可为不满足标准中分项安全系数方法的结构提供一种替代评估方法，该方法也可提高可靠性预测的准确性。但是，如前所述，决策必须谨慎执行。

SRA 不一定总是一项非常困难的任务。例如，疲劳可靠性的极限状态函数，例如 $g = \Delta - D$，在闭合形式损伤计算的最简单形式中为

$$g = \Delta - \frac{n}{A} q^m \Gamma\left(1 + \frac{m}{h}\right)$$

其中 q 和 h 是表示长期应力范围分布的 Weibull 分布函数的参数，A 和 m 是 $S - N$ 曲线的参数。该极限状态失效函数也可以直接用 $S_{\max}$（长期应力范围分布中的最大应力范围）表示：

$$g = \Delta - \frac{n}{A} \frac{S_{\max}^m}{\ln(n)^{m/h}} \Gamma\left(1 + \frac{m}{h}\right)$$

这种相对简单的极限状态问题可以通过模拟或简单的形式迭代方案在数学程序（如 mathcad）或电子表格中解决。

SRA 在延寿断裂力学分析中的两个主要应用是：

（1）对已知裂纹的扩展进行概率评估，以包括与裂纹尺寸、载荷和材料参数等相关的不确定性。

（2）概率检查计划（更多检查计划见 5.2 节）。

概率疲劳裂纹扩展和断裂可靠性评估的基本要素见 BS 7910。其中包括：

（1）相关参数的概率分布和参数说明，如初始缺陷尺寸、最终缺陷尺寸、疲劳裂纹扩展速率参数（包括阈值应力强度因子范围）、应力强度因子和应力范围。

（2）疲劳裂纹扩展规律规范，如 Paris 定律或合适的替代方法。

（3）用于计算应力强度因子和失效准则的方法规范。

（4）定义要求，例如确定故障概率或检查间隔，并建立相应的极限状态函数。

概率疲劳裂纹扩展和断裂评估取决于大量参数及其分布信息的可用性。断裂力学评估中一个特别大的不确定性来源是关于缺陷尺寸和分布的信息。此外，$\lg(da/dN)$ 与 $\lg(\Delta K)$ 图的表示、复杂接头中裂纹扩展的建模以及疲劳载荷的计算也存在不确定性。有关这些参数的概率建模的更多信息，请参见 BS 7910 和 DNVGL – RP – C210。

参考文献

ABS (2014). ABS Guide for Fatigue Assessment of Offshore Structures. American Bureau of Shipping (ABS).

Ang, A. H. S. and Tang, W. H. (1975). *Probability Concepts in Engineering Planning and Design, Volume Ⅰ – Basic Principles*. NewYork, NY: Wiley.

Ang, A. H. S. and Tang, W. H. (1984). *Probability Concepts in Engineering Planning and Design, Volume Ⅱ -Decision, Risk, and Reliability*. New York, NY: Wiley.

API (2014). API RP – 2A *recommended practice for planning, design and constructing fixed offshore platforms*. In: *API Recommended Practice* 2A, 22e. American Petroleum Institute.

API (2016). *API RP* 579 – 1/*ASME FFS-*1, *Fitness-For-Service*, 3e. American Petroleum Institute.

Augusti, G., Baratta, A., and Casciati, F. (1984). *Probabilistic Methods in Structural Engineering*. London: Chapman and Hall Ltd.

Aven, T. (2003). *Foundation of Risk Analysis, a Knowledge and Decision-Oriented Perspective*. Chichester: Wiley.

Aven, T. (2012). On the meaning and use of the risk appetite concept. *Risk Analysis: An International Journal* 33 (3): 349 – 504.

Bathias, C. and Pineau, A. (eds.) (2010). *Fatigue of Materials and Structures: Fundamentals*. ISTE Ltd.

Bowness, D. and Lee, M. M. K. (2002). Fracture mechanics assessment of fatigue cracks in offshore tubular structures, Report OTR 2000/077, Health and Safety Executive.

BSI (2015). BS 7910: 2013＋A1: 2015, Guide to methods for assessing the acceptability of flaws in metallic structures, British Standards Institution.

Bury, K. V. (1975). *Statistical Models in Applied Science*. Wiley.

DNV (1999). *ULTIGUIDE – Best Practice Guideline for Use of Non-linear Analysis Methods in Docu-*

mentation of Ultimate Limit States for Jacket Type Offshore Structures. Høvik: Det Norske Veritas.

DNVGL (2015a). DNVGL-RP-C210, Probabilistic methods for planning of inspection of fatigue cracks in offshore structures, DNVGL.

DNVGL (2015b). DNVGL-CG-0172, Thickness diminution for mobile offshore units, DNVGL.

DNVGL (2016a). DNVGL-RP-C203, Fatigue design of offshore steel structures, DNVGL.

DNVGL (2016b). DNVGL-RP-C208, Determination of structural capacity by non-linear finite element analysis methods, DNVGL.

Efthymiou, M. (1988). Development of SCF formulae and generalized functions for use in fatigue analysis. Proceedings of OTJ' 88, Surrey, UK.

Elishakoff, I. (2004). *Safety Factors and Reliability: Friends or Foes?* Dordrecht: Kluwer Academic.

Ellinas, C. P. and Walker, A. C. (1983). Damage on offshore tubular bracing members. Proceedings of IABSE Colloquium on ship Collision with Bridges and Offshore Structures, Copenhagen, Denmark, pp. 253 – 261.

Ersdal (2005). Assessment of existing structures for life extension. PhD thesis. University of Stavanger.

Haldar, A. and Mahadevan, S. (1999). *Probability, Reliability, and Statistical Methods in Engineering Design*, 1e. Wiley.

Hellan, Ø. (1995). Nonlinear pushover and cyclic analysis in ultimate limit state design and reassessment of tubular steel offshore structures. PhD thesis: Norwegian Institute of Technology, University in Trondheim, Norway.

Ho, C. M. and Zwerneman, F. J. (1995). *Assessment of Simplified Methods. Report on Joint Industry Project Ffracture Mechanics Investigation of Tubular Joints, Phase Two*. Stillwater, OK: Oklahoma State University.

Hørnlund, E., Ersdal, G., Hineraker, R. H. et al. (2011). Material issues in ageing and life extension, Paper No. OMAE2011 – 49363, 30th International Conference on Ocean, Offshore and Arctic Engineering, Rotterdam, The Netherlands (19 – 24 June 2011).

HSE (1997). The Durability of Prestressing Components in Offshore Concrete Structures, Offshore Technology report OTO 97 053. HSE Information Service.

HSE (1999). Background to New Fatigue Guidance for Steel Joints and Connections in Offshore Structures, HSE report OTH 92 390.

HSE (2004). Failure Control Limited, 'Review of Low Cycle Fatigue Resistance', HSE research report 207.

ISO (2000). ISO/DIS 13822, Bases for design of structures – Assessment of existing structures. International Standardisation Organisation.

ISO (2007). ISO 19902, Petroleum and natural gas industries – Fixed steel offshore structures. International Standardisation Organisation.

ISO (2013). ISO 19900: 2013, Petroleum and natural gas industries – General requirements for offshore structures. International Standardisation Organisation.

King, R. N. Stacey, A., and Sharp, J. V. (1996). A Review of Fatigue Crack Growth Rates for Offshore Steels in Air and Seawater Environment. 14th International Conference on Offshore Mechanics and Arctic Engineering (OMAE), Florence, Italy (16 – 20, June 1996).

Kinra, R. K. and Marshall, P. W. (1980). Fatigue analysis of the Cognac platform. *Journal of Petroleum Technology*, Paper SPE 8600.

Landet, E. and Lotsberg, I. (1992). Laboratory testing of ultimate strength of dented tubular members. *ASCE, Journal of Structural Engineering* 118 (4): 1071 – 1089.

Lange, H., Berge, S., Rogne, T., and Glomsaker, T. (2004). Robust material selection. Report for Petroleum Safety Authority Norway, SINTEF, Trondheim, Norway.

Lotsberg, I. (2016). *Fatigue Design of Marine Structures*. Cambridge University Press.

Lotsberg, I., Wästberg, S., Ulle, H. et al. (2010). Fatigue testing and S-N data for fatigue analysis of piles'. *Journal of Offshore Mechanics and Arctic Engineering* 32.

Lutes, L. D., Kohutek, T. L., Ellison, B. K., and Konen, K. F. (2001). Assessing the compressive strength of corroded tubular members. *Applied Ocean Research* 23: 263 – 268.

Madsen, H. O., Krenk, S., and Lind, N. C. (1986). *Methods for Structural Safety*. Englewood Cliffs, NJ: Prentice-Hall Inc.

Melchers, R. E. (1999). *Structural Reliability Analysis and Predictions*. Wiley.

Moan, T. 1988. The Inherent Safety of Structures Designed According to the NPD Regulations, SINTEF report STF71 F88043. Trondheim, Norway.

Moan, T. (1997). Target levels for structural reliability and risk analysis of offshore structures. In: *Risk and Reliability in Marine Technology* (ed. C. Guedes Soares). Rotterdam: A. A. Balkema.

Niu, X. and Glinka, G. (1987). The weld profile effect on stress intensity factors in weldments. *International Journal of Fracture* 35 (1): 3 – 20.

Ocean Structures (2009). OSL-804-R04 Ageing of Offshore Concrete Structures, Myreside, UK.

Paris, P. C. and Erdogan, F. (1963). A critical analysis of crack propagation laws. *Journal of Basic Engineering* 85: 528 – 533.

Poseidon (2007). POS-DK07-136-ROI Specialist support on structural integrity issues. Poseidon International Ltd, Aberdeen.

Rhee, H. C., Han, S., and Gibson, G. S. (1991). Reliability of solution method and empirical formulas of stress intensity factors for weld toe cracks of tubular joints. In: *Proceedings of the 10th Conference on Offshore Mechanics and Arctic Engineering (OMAE ' 91), Vol. III – B, Materials Engineering* (ed. M. M. Salama et al.), 441 – 452. New York, NY: The American Society of Mechanical Engineers.

Saad-Eldeen, S., Garbatov, Y., and Guedes Soares, C. (2012). Effect of corrosion degradation on ultimate strength of steel box girders. *Corrosion Engineering, Science and Technology* 47 (4).

Saad-Eldeen, S., Garbatov, Y., and Guedes Soares, C. (2013). Experimental assessment of corroded steel box-girders subjected to uniform bending. *Ships and Offshore Structures* 8 (6): 653 – 662.

Saad-Eldeen, S., Garbatov, Y., and Guedes Soares, C. (2015). Fast approach for ultimate strength assessment of steel box girders subjected to non-uniform corrosion degradation. *Corrosion Engineering, Science and Technology* 51 (1): 60 – 76.

Shen, G. and Glinka, G. (1991). Weight functions for a surface semi-elliptical crack in a finite thickness plate. *Theoretical and Applied Fracture Mechanics* 15 (3): 247 – 255.

Skallerud, B. and Amdahl, J. (2002). *Nonlinear Analysis of Offshore Structures*. Baldock: Research Studies Press Ltd.

Smith, C. S. (1986). Residual strength of tubulars containing combined bending and dent damage. Proceedings of the Offshore Operations Symposium, Ninth Annual Energy Sources Technology Conference and Exhibition, New Orleans, LA.

Smith, C. S., Kirkwood, W., and Swan, J. W. (1979). Buckling strength and post – collapse behaviour of tubular bracing members including damage effects. Proceedings of the 2nd International Conference on the Behaviour of Offshore Structures, BOSS 1979, London, UK.

Smith, C. S., Sommerville, W. C., and Swan, J. W. (1981). Residual strength and stiffness of damaged steel bracing members. Proceedings of the 14th Offshore Technology Conference, OTC Paper No. 3981,

Houston, TX (4 – 7 May 1981).

Søreide, T. H. and Amdahl, J. (1986). USFOS – A computer program for ultimate strength analysis of framed offshore structures: Theory manual. Report STF71 A86049, SINTEF Structural Engineering, Trondheim, Norway.

Standard Norge (2012). NORSOK N-001, Integrity of offshore structures, 8e; September 2012. Standard Norge, Lysaker, Norway.

Standard Norge (2013). NORSOK N-004, Design of steel structures. Rev. 3. Standard Norge, Lysaker, Norway.

Standard Norge (2015). NORSOK N-006, Assessment of structural integrity for existing offshore load-bearing structures, 1st edition; March 2009. Standard Norge, Lysaker, Norway.

Taby, J. and Moan, T. (1985). Collapse and residual strength of damaged tubular members. Proceedings of the Fourth International Conference on Behaviour of Offshore Structures, Delft, the Netherlands (1 – 5 July).

Taby, J. and Moan, T. (1987). Ultimate behaviour of circular tubular members with large initial imperfections. Proceedings of the 1987 Annual Technical Session, Structural Stability Research Council.

Tilly, G. P. (2002). Performance and management of post – tensioned structures. In: *Proceedings of the Institute of Civil Engineers*, *Structures and Buildings*, vol. 152, 3 – 16.

Toft-Christensen, P. and Baker, M. J. (1982). *Structural Reliability Theory and Its Applications*. Berlin: Springer Verlag.

Tweed, J. H. and Freeman, J. H. (1987). Remaining Life of Defective Tubular Joints, Offshore Technology Report OTH 87 259. HMSO.

Yao, T., Taby, U. and Moan, T. (1986). Ultimate strength and post-ultimate strength behaviour of damaged tubular members in offshore structures. Proceedings of the International Symposium on Offshore Mechanics and Arctic Engineering, Tokyo, Japan.

第 5 章　老化结构的检查和缓解

5.1　简介

检查是维护结构安全运行的一项重要活动，既可以降低其当前状态的不确定性，也可以检测缺陷。如第 2 章所述，结构完整性管理（SIM）标准程序包括监督和检查、评价、评估（如果需要）以及确保结构完整性所需的缓解措施❶。

在这方面，检查的意义是通过视觉检查手段、无损检测（NDT/NDE）方法（见附录 B）和监测获得有关结构状况和配置的信息。检查对于老化结构和收集延长寿命所需的数据尤为重要。

即使发现了缺陷，通常还需要进一步的检查、评估和分析，以确定缺陷的严重性及其对结构完整性的影响。作为此评估的结果，可能需要缓解以保持结构的完整性。

缓解提供了修复任何退化，损坏或其他变化的机会。缓解措施包括修复、改进和加固结构。这些将在 5.4 节中详细讨论。由于大多数缓解措施相对昂贵且耗时，因此需要仔细分析以确定实施的需要和类型。延长寿命的案例通常需要详细的分析和缓解措施，作为延长期内完整性保证的一部分。

允许在寿命延长中使用结构的一个关键因素是可以对其进行检查，从而收集其有关状况足够信息。结构完整性评估需要此类信息，包括制造阶段和操作阶段的信息。使用一系列技术收集这些数据的能力主要在设计阶段确定。

ISO 19900（2013）指出，"结构完整性，整个预期使用寿命中的适用性和耐用性的可维护性不仅仅是关于设计计算，还取决于施工质量控制，现场监督和结构的方式，以及使用和维护过程中的态度。"因此，重要的是在设计和制造阶段应该开发检查和维护方法。ISO 19902（ISO，2007）规定，在制定可检查性计划时，应对实现预期检查和维护质量的实际能力进行实际评估。

延长结构寿命的另一个关键因素是，如果在检查和评估过程中发现结构性损坏和加固需求，则可以对其进行修复。尽管在离岸设施的设计阶段，与检查能力相比，可修复性的设计并不强烈，但当由于老化造成损坏或劣化需要修理时，这成为一个重要的问题。

---

❶　这本书主要内容是关于主要结构，包括下部结构和主要承载部分的上部，如燃烧塔和直升机降落甲板。然而应注意，许多次要和三级构件对于主承载能力并不重要，但对于整体安全来说可能是重要的，因为它们可能在劣化条件下出现危险，例如可能导致结构损坏或人员受伤的潜在掉落物体。

5.2　检查

5.2.1　引言

在离岸结构物的操作过程中，进行检查以识别任何损坏和退化（如开裂），尤其是焊接接头。有许多技术可用于检查结构，这些技术已开发多年。附录 B 对这些问题进行了简要总结。

检查对于降低结构当前状态的不确定性很重要。减少不确定性的一种方法是使用检查来验证疲劳分析的结果。然而，与疲劳分析相关的不确定性和检查结果对于确定结构实际状态非常重要。缺陷的识别降低了不确定性，考虑到检查结果的疲劳分析结果将确定结构的实际状态。

应注意由于检查的可靠性，检查结果也存在不确定性。根据检查方法和进行检查的条件，检查不会发现小于某个限值的裂纹。对各种检测方法的检测能力定义为缺陷大小和条件的函数，并用检测概率（POD）曲线加以说明。例如，DNVGL - RP - C210（DNVGL，2015）表明，通过交流磁场测量（ACFM）和磁粉检测（MPI）检测水下 12mm 深裂纹的概率为 90%（见附录 B）。此外，在困难条件下（水下通常属于这一类），通过近距离目视检查（CVI）检测 350~400mm 裂纹长度的概率为 90%。测试因子取决于操作者的能力，POD 曲线是基于许多操作者收集的数据。

检查通常在更广泛的意义上使用，而不仅仅是检查结构的状况。在 ISO 19901 - 9（ISO，2017）中，检查被定义为所有调查活动，目的是收集评估结构完整性所需的必要数据。然后，除了测量结构的实际状况外，检查还包括对结构的配置、载荷、信息、知识、标准、法规和其他影响结构安全的变化的监控，如第三章所述。

在大多数有离岸设施的国家，定期检查是监管要求。例如，定期检查是英国离岸结构物安全条例的要求。根据健康证明书（COF）制度（持续至 1992 年），有一个为期五年的更新周期，需要每年和五年检查证书的更新。1992 年，TIS 被安全案例制度取代，该制度包括设计和施工条例（DCRS），其中第 8 条规定需要通过定期检查和必要的任何补救工作在生命周期内保持"完整性"。TESE 法规还介绍了安全关键要素（SCES），包括结构和上部结构，并作为检查的重点。

在挪威，挪威石油理事会（NPD）于 1976 年发布了主要和次级结构检查指南。要求进行首次检查（第一年检查）和随后的年度检查。此外，每四年进行一次情况评估，总结检查结果，并对这些结果进行潜在分析，以便对框架检查方案进行更新。挪威法规（1992年更新的 NPD 法规）和 1997 年替代本法规的挪威标准 N - 005 中均保持了类似要求。然而，在 NORSOK N - 005 中，要求每四年更新一次长期框架检查方案，并将该方案的更新留给运营商在必要时进行检查。

固定钢结构的结构检查任务包括检查焊接接头是否开裂、基础的完整性、腐蚀程度和阴极保护（CP）系统的状态（5.2.5 节）。对于浮式结构，船体水密完整性的腐蚀和裂缝检查以及系泊系统完整性评估也是关键问题（5.2.6 节）。对于顶部结构条件，焊接连接和支撑部件中裂纹的检查是必要的，而如果存在裂纹，则很难对腐蚀进行检查（5.2.7节）。

计划检查和现场执行检查的能力是确保完整性的一个重要因素。ISO 19902（ISO，2007）列出了检查、维护和维修（IMR）数据库管理、检查计划及其离岸执行方面的几个能力要求。其中包括参与检查的潜水员、遥控车辆（ROV）检查员、水下检查员控制器和离岸设施（主要是上部结构）的总检查员。有趣的是，据作者所知，对于负责计划检查、评估检查结果以及最终结构整体完整性的工程师来说，不存在任何认证方案。这是因为这些工程师是 SIM 流程中的关键要素。

5.2.2 检查过程

许多国际标准，如 ISO 2394（ISO，1998）、ISO 19901-9（ISO，2017）和 ISO 19902（ISO，2007）规定了 SIM 的要求，其中包括检查的周期，如图 5.1 所示。

图 5.1 所示的 TE 过程是检查计划、绩效、报告和评估的一个周期，包括：

（1）除设计、制造和安装数据外，收集和保存当前和以前检查的数据。

（2）评估数据中的发现和异常（如裂纹、腐蚀、载荷变化、标准和知识等）。

（3）根据数据评估更新长期检查方案，其中包括需要检查的内容、时间和方式的总体计划。

（4）制定检查工作范围，包括检查活动的详细规范、离岸执行方式和数据报告程序。

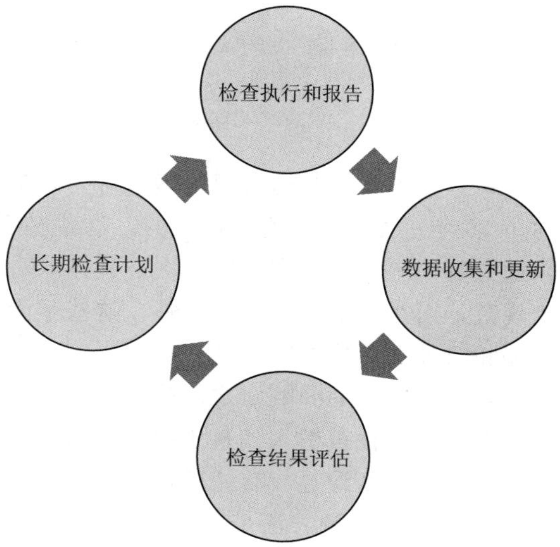

SIM 上的几个标准，例如 ISO 19902，描述了四种不同类型的结构状况检查：

图 5.1 检查过程周期与 ISO 19902（2007）中描述的相似

（1）基础检查。安装和调试后立即进行检查，以检测制造过程中产生的任何缺陷或安装过程中的损坏。

（2）周期性检查。检查以检测随时间推移的劣化或损坏，并发现任何未知缺陷。

（3）特殊检查。维修后或监测已知缺陷、损坏或损坏后所需的检查。

（4）计划外检查。重大环境事件（如严重风暴、飓风、地震等）或意外事件（如船舶撞击或坠物）后进行的检查。

对于老化结构，定期、特殊和非定期检查占主导地位，预计定期检查的频率会增加。

除了这些国际标准外，一些区域标准还提供了有关上部结构、固定式结构和浮动结构检查的相关信息。尤其是 API RP 2SIM、拟议的 API RP 2FSIM（API，2014）和 API RP 2MIM（API，2018）、NORSOK N-005（挪威标准，2017）和 N-006（挪威标准，2015）。

5.2.3　检查理念

检查离岸结构物的状况是昂贵的，具有安全意义，特别是在使用潜水员的情况下。因此，检查结构的所有构件、部件和区域是不切实际的。因此，检查方法的选择、部署和检查频率是规划有效检查和成本效益方案的关键因素，该方案还提供了足够安全的结构。多年来，检查计划方法发生了变化，如图 5.2 所示。

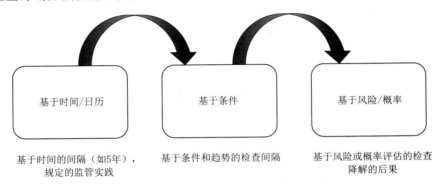

图 5.2　结构状态检测规划理念的发展

最初，监管机构和运营商依赖于时间或基于日历进行检查，这是英国部门的 COF 制度和 1976 年的 NPD 法规所要求的。这些基于日历的检查计划提出了一个固定的检查间隔，通常每年一次，最多五年一次，具体取决于应用程序。然而，它在某些情况下被认为过于规范，而在其他情况下则不够。这些基于日历的检查发现了一定数量的异常情况，但对这些相对较新结构的完整性有重大影响的损坏或退化很少。这形成了一种基于条件的检查方法，检查之间的间隔由之前检查中确定的结构状态决定。然而，由于结构的复杂性和焊接细节的关键性被引入到基于状态的检查计划中，因此很难优先进行检查。

由于持续不断地寻找有效的检查和节约成本的方案，有必要优化检查过程。20 世纪 90 年代引入的另一种方法是基于风险和概率的方法，在这种方法中，检查的重点是被认为能够战胜最高失效风险的结构区域，在这种情况下，风险的含义是成员失效的概率和后果，结构的细节或区域。这种被认为具有高风险的结构区域的例子是具有高临界性和短疲劳寿命的焊接连接。

5.2.4　基于风险和概率的检查计划

已开发了几种基于风险的检查优先顺序模型，对结构的特定构件、构件区域的失效概率和后果进行定量或定性评估。对于子结构最有用的方法之一是应用结构可靠性分析（SRA）（见 4.7 节）来确定疲劳开裂的概率，结合非线性冗余分析来确定该构件失效的后果，组件或结构的区域。对于导管架结构，冗余水平通常用储备强度比（RSR）和损坏强度比（DSR）来描述，如第 4 章所述。为了获得更一致的失效概率和后果，对 SRA 中结构系统的整体性进行了一些建模尝试（Dalane，1993）。然而，事实证明这种方法相当麻烦，并且在实践中没有得到很多应用。

过去几十年来，基于 SRA 的计划检查概率方法已经得到了广泛的应用，因为原则上，这些方法使检查能够通过对损伤最大的接缝进行优化。正在开发的模型相当复杂，需要分别输入所有主要参数。仅仅有限的数据并不确定地知道其分送方式，特别是通常不包括来自制造检查的信息。这些模型通常基于优化结构的可靠性，从而检测和修复疲劳导致的接头裂纹。

为了确定计算疲劳寿命的详细信息的检查计划，需要量化以下概率：

（1）运行时间函数的失败概率。

（2）检测给定裂缝尺寸（POD）的概率。

（3）目标概率失效，即最大可接受的失效概率。

通常使用概率裂纹增长模型进行分析。在例行检查后计算概率时，需要计算事件的联合概率（检查结果，检测裂缝的概率和未来的故障）。

POD 取决于所使用的检查方法的能力。例如，涡流检测（EC）的 POD 曲线定义如下：

$$P_{\text{Detection}}(a) = 1 - \frac{1}{1 + \left(\dfrac{a}{x_0}\right)^b}$$

其中 a 是裂纹深度。参数 $x_0 = 0.161$ 和 $b = 1.01$ 的值是通过将 POD 曲线拟合到 ICON 数据库（Dover，Rudlin，1996）的良好工作条件的实验结果来确定，这些数据基于 1205 次观察得出。

一个重要的因素是确定可靠性的目标水平（如发生疲劳开裂），这决定了需要进行检查的水平。在某些情况下，这是基于迄今为止所能达到的最高水平，并假设这是可接受的未来（尽管存在结构老化）。在其他情况下，敏感性研究被用来探索不同可靠性水平对整体完整性的影响，这仍然是检查规划中的一个困难领域。在公布的材料中，目标可靠性从 1×10^{-4} 到 2.5×10^{-2}（疲劳裂纹发生的年概率）不等，这是一个广泛的范围，在使用这种方法时引起了一些关注，突出了 4.7 节中讨论的关于使用目标值的问题，这些目标值是根据使用的概率模型和标准要求的安全水平进行校准的。对于导管架结构，结构冗余度的影响在设置此类目标时尤为重要。另一个限制因素是在实践中发现的一些故障的意外性质，这些故障不能用当前的概率技术进行预测。

基于风险的方法通常会导致两次检查之间的间隔更长（与基于日历条件的检查相比），并且通常被认为能够提供优化的结构完整性。然而对这些较长间隔的预测与自然假设相矛盾，即当结构老化时，往往需要进行更多的检查，并且预计会出现更多的裂缝和其他退化。这说明了使用基于可靠性方法的老化结构检查计划的影响。

基于概率 SRA 的检测方法的缺点如下：

（1）无法预测不太可能的损坏原因，例如焊接接头处的内部开裂（在实践中发现，但分析并未预测）。

（2）设置目标可靠性是一项艰巨的任务，目标可靠性依赖于 SRA 中使用的概率模型。

（3）对于老化结构，计算出的检测间隔有随时间不断增加的趋势，这与预期不符。

使用风险矩阵可以实现更定性的方法，生成一个风险矩阵，以突出风险得分最高的组件，从而优先进行检查。表 5.1 显示了基于风险的检查计划的典型 5×5 风险矩阵示例。

其他配置是可能的，而且离岸行业已知会使用更大的矩阵来提供更精确的风险评估。

表 5.1   基于风险的检查计划的风险矩阵示例

结　　　果				累 积 概 率				
				1	2	3	4	5
人	环境	成本	严重级别	$<10^{-3}$	$10^{-3}\sim$ -10^{-2}	$10^{-2}\sim$ -10^{-1}	$10^{-1}\sim$ -1	>1
多人死亡	大规模效应	非常高	E	M	H	H	H	H
单一死亡或永久残疾	主要影响	高	D	M	M	H	H	H
重大伤害	局部效应	中等	C	L	M	M	H	H
轻伤	次级影响	低	B	L	L	M	M	H
表观损伤	轻微影响	可忽略不计的	A	L	L	L	M	M

注 L, 低风险；M, 中风险；H, 高风险

表 5.1 中严重性等级 A～E 通常根据对构件失效后果的定性或定量评估来确定。严重性等级 A 通常表示构件失效的后果非常低，而严重性等级 E 通常表示构件、构件或构件区域失效时，结构将倒塌。累积概率同样可以通过严格的 SRA 或基于经验或故障率数据库的评估来确定。然而，数据有限，这使得这种方法在实践中难以使用。

在延长寿命过程中，应谨慎使用基于风险的检查计划。一些标准（标准规范，2015）认为重要成员的检查间隔最长为 5 年，这是良好的实践。对于关键构件和接头，应进行基于断裂力学分析的裂纹扩展分析，以确定确保在可检测裂纹和变得关键之间进行两次检查的间隔。

5.2.5　固定导管架结构检查

北海结构物早期使用潜水员对焊接接头进行细部检查。在检查过程中发现大量损坏。未能检测到的疲劳损伤导致重大结构事故，例如 1980 年的 Alexander L. Kielland 事故，造成 123 人死亡。这导致在 20 世纪 80 年代和 90 年代大力开发合适的疲劳设计和评估方法，并使疲劳损伤的事故数量大幅减少。此外，随着对安全性的重视，潜水员在深水中的作业安全性成为一个重要因素，从而导致不断减少潜水员的使用，而基于 ROV 的检查技术得到了更广泛的应用。

多年来，为实现水下探测已经开发了许多技术，从早期使用的分流器到目前使用遥控潜水器的方法。NORSOK N-005 附录 B（挪威标准，2017）对大多数检查技术进行了很好的概述。

对于固定导管架结构，目前水下检测的方法一般是目视检查（GVI）、CVI 和水下构件检测（FMD）。这些设备的主要优点是速度相对较快，因此价格较低，可以在短时间内覆盖大部分水下安装。通常由遥控潜水器执行。然而 FMD 具有明显的缺点，即只能检测贯穿构件的水的穿透厚度裂纹。如 4.6 节所述，维护寿命较短。因此，FMD 的有效使用依赖于理解单个关节的临界性。对于更容易发生开裂的老化结构，人们还担心依赖于 FMD。这可能需要更频繁的检查或使用更详细的无损检测方法。因此，CVI 和 GVI 具有

局限性。在困难条件下，CVI 在裂纹长度小于 350～400mm 的情况下 POD 受到限制。通过 GVI 检测裂纹是不可行的，但 GVI 通常会识别构件的分离或严重凹陷。当 CVI 或 FMD 发现裂纹时，进一步调查是正常的，可能使用更详细的检查方法，如 MPI。

然而，由于在大多数情况下，导管架结构中有足够的冗余度，使得一个接头或构件的故障不太可能导致整体结构倒塌，因此通常认为，GVI、CVI 和 FMD 等检查方法适用于冗余结构。这是因为冗余的固定式离岸平台通常具有多种负载路径，因此一个组件的故障不一定会导致灾难性的结构倒塌。但是，对于老化的固定导管架结构，结果可能不是这样，因为在某些阶段可能会出现广泛的损坏，使得这些检查方法不太可接受。在 4.4 节将更详细地讨论系统强度的主题。

通过使用 ROV 测量局部电位（相对于标准电极），对防腐蚀系统（通常基于附在结构上的阳极）进行检查。更多的正电位可能表明阳极的高使用率，可以通过视觉评估是否更换（见 3.4 节）。

过去，对立管、导线和沉箱的导向架和支撑结构的检查都包括在结构检查范围内。在北欧地区油气生产的早些年间，由于设计考虑的不充分，在这些导向架上发现了大量的疲劳裂纹。对于其中一些较旧的结构，这仍然是一个需要检查和可能维修的问题领域，但目前的趋势表明，对于较新的结构来说，这不是个问题。对于浪溅区内或上方的导向架，腐蚀也是主要问题。这些结构在某种程度上受到不同类型涂层的保护，这些涂层的完整性也需要包括在检查程序中。

对浪溅区的部件进行检查是困难的，通常需要采用绳索或向上看的遥控潜水器。在过去的几年里，无人驾驶飞机［空中遥控飞行器（AROV）］已经得到了广泛的应用，并取得了良好的效果。由于在该区域进行检查的能力有限，因此在设计阶段应避免在该区域使用疲劳敏感部件。

水下检查还可包括对基桩周围冲刷的评估、海底材料的堆积位置、钻孔切割和碎片等。冲刷可以降低桩的效率，因为它暴露了桩的上部（引入屈曲和腐蚀作为潜在的失效模式）。在结构底部周围堆积材料会减少对埋置构件的检查，这也可能会给这些构件带来意外荷载。结构底部桩基周围材料的冲刷和堆积程度的检查通常由 GVI 使用 ROV 进行。如果关键结构构件已被掩埋，则可能需要拆除堆积材料。

为了记录检查过程，专门的固定式结构检查标准已经制定。固定导管架结构的主要国际标准是 ISO 19902（ISO，2007）。本标准包括 5.2.2 节中给出的检查过程。此外，该标准既提供了基于日历的检查方案，也允许基于风险的检查制度。此外，本标准还规定了四个级别的结构检查：

（1）一级：水上目视检查、CP 系统水下检查。

（2）二级：一般水下目视检查，检查是否有过度腐蚀、意外损坏、冲刷、大裂缝等。

（3）三级：预选区域和 FMD 的水下 CVI。

（4）四级：选定区域的水下无损检测、详细的化学气相沉积等。

ISO 19902 中建议的基于日历的检查频率是一级每年一次，二级每三到五年一次，三级每五年一次，四级每五年一次。这些检测频率可能更适用于疲劳问题较少的环境中的结构，如墨西哥湾。

对于北欧地区的结构，通常需要制定一个更为全面的检查计划来说明将使用的技术、检查频率等，如 ISO 19902（ISO，2007）、ISO 19901 - 9（ISO，2017）和 NORSOK N - 005（挪威标准，2017）所示。这些标准中的检查过程遵循 5.2.2 节所述的典型工作过程。本区域固定式结构检查的其他相关信息见英国石油天然气公司（O&GUK，2014）固定式结构报告。同样，美国和世界许多其他地区的固定式离岸结构物的检查也按照 API RP 2sim（API，2014）进行。该导则类似于 ISO19902、ISO 19901 - 9 和 NORSOK N - 005，但不太注重疲劳（因为疲劳在美国水域较少出现）。

通过采用更严格的方法对老化固定式结构进行检查，使人们认识到老化过程（如疲劳和腐蚀）可能更频繁发生。因此，结构存在更大可能的损坏概率和大面积性能退化的潜在可能性也会增加。任何包括老化结构检查的标准都应考虑这两项。然而，大多数现有标准不包括老化结构检查的具体要求。这是可能这些标准中的一个显著缺陷，因为越来越多的结构已达到其寿命延长阶段，如果不进行更广泛的检查，它们很可能在不久的将来经历更多的故障和多次失效。因此，应更新这些标准，以包括对检查间隔、特定老化机制以及如何处理老化结构中广泛退化和损坏等更严格的要求。

9.1 节（挪威 2015 标准）中的 NORSOK N - 006 是唯一包含了对老化结构检查多项要求的标准。包括调整检查间隔，因为：

（1）随着更多的疲劳损伤的累积，疲劳裂纹的可能性增加。

（2）失效的后果可能会随着不止一个接头失效的可能性的增加而改变。

Norsok N - 006 非常重要，因为它要求应确定老化结构的检查间隔，以便在基于断裂力学裂纹扩展分析对结构完整性构成威胁之前，可以确定检测到潜在的疲劳裂纹。失效可能导致重大后果并已超过其疲劳设计寿命的部件需要采用适当的无损检测方法进行检查，检查间隔基于临界性、裂纹扩展特性和裂纹检测概率。此外，要求至少每五年对这些部件进行一次检查，即使基于风险或概率的计算表明间隔较长。

NORSOK N - 006 还要求对结构的损坏情况进行疲劳分析。这是因为在一个冬季可能会有多个连接件因疲劳而失效，这通常是在难以修复的损坏已发生时，这意味着在这些构件无法承受荷载（受损、断裂）的情况下，对其进行疲劳承载力检查。该分析应构成检查计划的输入，以确保在剩余结构中由于应力重新分布而加速疲劳开裂之前检测到疲劳裂纹。

HSE 发布了一份信息表"老化管理和老化装置彻底审查指南"（HSE，2009）。作为每五年修订安全案例的一部分，需要进行"彻底审查"。本指导说明确定了与检查计划有关的几个因素，尤其是 SCE，包括需要证明结构退化如何影响 SCE 的性能，以及对结构当前状态的详细了解。重要的是要理解，当前涉及 FMD 的检查计划可能无法满足后一个要求。指导说明还包括与结构检查计划非常相关的老化和劣化方面的列表，见表 5.2。

如上所述，目前的检测工具是 GVI、CVI 和 FMD，这些方法无法检测较小的裂纹。因此，需要考虑在不知道裂纹是否在未达到贯穿厚度阶段的旧结构中出现了广泛的疲劳裂纹的情况，因为它可能会导致严重的整体损坏。此外，采用 GVI、CVI 和 FMD 等技术的一个关键因素是检查频率，因为很重要的一点是，贯穿厚度的裂纹不能增长，从而导致检查间隔之间的局部失效。还需要考虑额外的维护成本。应对结构的冗余度进行评估，以确定少量部件由于广泛损坏而发生的故障不会导致结构倒塌。

表 5.2 老化装置老化和彻底审查管理的 HSE 指南

老化指标	与离岸设施相关的示例
腐蚀或劣化的外部指标	油漆起泡、锈迹、螺纹托梁或螺栓处的腐蚀迹象、被动防火（PFP）软化。防爆墙的表面腐蚀可能表明其结构响应受到了不利影响
不完全恢复的外部迹象	松动的盖子、不合适的外壳、松动的螺栓、缺失的设备、不完整的系统
缺乏共性/不相容性	后期设计或从替代供应商处更换设备。现代和旧控制系统之间的接口问题
结构性能恶化	结构构件疲劳裂纹的萌生和扩展
不可检测 SCE 的恶化	例如地基、环形加筋和单面接缝
维修行动积压增加	未解决的维修数量的增加可能是老化正在发生的一个指标。随着维护积压的增加，要使维护恢复正常可能变得越来越困难
检查结果	检查结果可以显示设备的实际状况和任何损坏。趋势可以通过重复检查数据来确定。通过趋势分析，可以跟踪暴雨性能参数
类似部件老化经验	除非采取有效措施防止类似部件老化，否则在其他位置也可能出现同样的问题。众所周知，PFP 随着年龄和结构运动而分层，因此，对一个此类问题的识别可能表明更广泛的发生
以前的维修	可能表明已经出现老化问题，并且由于在结构的使用寿命期间需要进行维修，因此维修的必要性将表明存在进一步问题的可能性

资料来源：2009 年 HSE。

有些结构部件难以检查，但可能易受老化过程的影响，这是一个特殊的问题，因为它们的当前状况难以从寿命延长方面确定。这些部件可能在很深的水中，或检查工具难以接近。例如，在桩基础中，环向对接焊缝很难检查，而内部加劲肋也很难使用常规设备进行检查。这种检查困难需要在设计阶段进行考虑，目前的设计实践是为此类部件提供设计疲劳系数，系数从非关键部件的 2 到关键部件的高达 10，以降低其使用寿命期间发生故障的可能性。然而，这在早期设计中并没有被很好地认识到，在早期设计中，疲劳系数中使用的最大系数是 2。在对旧结构进行疲劳评估时，需要考虑这一方面。NORSOK N-006 为相邻构件和接头的检查提供了指导，以获得有关不可检查细节的一些信息。

5.2.6 浮式结构检查

浮式结构包括许多不同于固定式结构的结构和海洋系统。电容器储能系统是控制舱底和压载、水密完整性、重量控制、稳定性监测和工作站保持的系统。水密完整性包括水密门和舱口、密封件、阀门、泵、阻尼器等。这些部件中的任何一个发生故障都可能导致水密完整性的损失，以及稳定性和浮力的可能损失。因此，这就需要尝试非常不同类型的检查需求，以及对整体完整性管理的不同思考方式。此外，浮式结构的结构元素在几何结构和形式上有很大的不同（因为它们主要是壳体结构，固定式结构通常由梁和管状接头组成）。

许多石油和天然气生产中的浮式离岸结构物都有等级证书，该证书由主要的船级社提供，如挪威船级社或劳埃德船级社。浮式结构物的检查是船级制度和规章制度的一个重要组成部分，它是船东、船级社等多年来发展起来的。这是在基于日历的检查和监视系统上完成的，通常需要每五年进行一次码头检查。码头检查为改善进出和维修设施提供了机会。

用于石油和天然气生产的离岸浮式结构物通常在现场停留较长时间，因此无法提供定期码头检查的机会。这就要求对这些永久性放置的离岸浮式结构物进行更为严格的检查，其中经验较少。最近已经制定了一些标准来指导浮动设施运营商的完整性管理，包括检查，如 ISO 19904-1 第 18 节 （ISO，2006）和 NORSOK N-005 附录 F、G、H 和 I （挪威标准，2017），这两个标准都遵循类似的检查程序，根据 5.2.2 节所示。就时间而言，这种经验的缺乏可能是非常严重的，而且可能需要更严格的检查方法，因为老化的可能性越来越大，而普遍恶化的可能性也越来越大。在这方面应当提到的是 API RP 2FSIM （API，2017）草案包括一份针对寿命延长的单独附件，该附件对寿命延长评估过程提供了指导。然而，它并没有提供如何在评估阶段之后的寿命延长阶段维护这些结构的具体指导。此外，API RP 2MIM （API，2018）也与系泊缆的检查高度相关。

此外，API RP 2I （API 2015）和 NORSOK N-005 （挪威标准，2017）建议了浮式结构的锚链系统的检查间隔。在 API RP 2I 中，主要检查之间的最大间隔与链条的使用年限（年）有关。对于相对较新的链条（即 0～3 年），建议间隔为 3 年；对于稍旧的链条（4～10 年），建议间隔为 2 年；对于 10 年以上的链条，建议间隔缩短为 8 个月。这种短时间间隔要求很高，而且成本很高，因此通常在链条达到 10 年标准之前更换链条。ROV 可以目视检查系泊系统，但这有很大的局限性。更详细的检查，如 MPI 检查，需要移除系泊和码头侧检查，这会带来重大的成本和运营影响。

英国石油天然气公司 （O&GUK，2014）编制了 "UKCS 浮式生产装置老化和寿命延长管理指南"，提供了与老化浮式装置检查相关的详细信息。检查特性是管理疲劳和腐蚀等老化机制的一项关键控制措施，但对实际推荐的检查工具和技术的细节却很少。英国石油天然气文件 （O&GUK，2014）的主要题目是以下关于完整性管理和检查方面的内容：

（1）船体（结构和水密完整性）。

（2）船舶系统，包括压载系统、控制系统、货物系统、惰性气体系统和船舶公用设施（泵、发电机等）。

（3）工作站保持系统（系泊和 DP）。

《健康、安全与环境》（2017）中报告了系泊链检查的综合联合行业研究。

NORSOK N-005 建立在《石油天然气英国报告》（O&GUK，2014）的基础上，将非结构系统分解为若干组件，并确定基于等级规则或普遍接受的维护标准［如 NORSOK Z-008 （挪威标准，2011）］的检查是否适当。

5.2.7 上部结构检查

上部结构包含多个安全关键部件，其完整性需要在操作阶段（包括寿命延长阶段）进行适当的管理，并反映出它们遭受腐蚀和疲劳等方面的退化情况。

需要管理的上部结构的关键部件包括：

（1）甲板结构的主要承重构件（主框架、甲板梁、组合甲板的主要结构等）。

（2）火炬。

（3）直升机平台。

（4）井架。

（5）起重机和起重机基座。

（6）桥梁。

（7）立管，导体和沉箱的支撑结构。

（8）模块的承重结构。

（9）支持安全关键物品，如临时避难所，生活区，工艺设备和管道等。

对于所有这些项目，腐蚀通常是主要的降解机制，但也必须考虑疲劳的作用。表3.4（第3章）显示了与顶部结构相关的典型退化机制。检查的意义是需要检测腐蚀和疲劳，这对老化结构越来越重要。在上部，可采用常规劳动力定期维护的方法进行较大规模的维护。根据所需的通道，与海底检查相比，这是相对简单的。

通常问题发生在难以进入的地方，例如结构元件底涂层，火炬和井架。涂层下的检查是特别的问题，因检查去除涂层而导致的特殊问题需要花费大量时间来恢复涂层。通常情况下恢复是局部的，因此产生了修补涂层与原始材料粘合的潜在问题。

此外，涂层为关键结构元件的腐蚀和火灾提供了关键保护，因此在顶部结构的检查程序中需要特别注意。对于被动防火（PFP）涂层尤其如此。

PFP涂层用于可能受喷射火灾影响的关键区域。有几种不同的类型，包括水泥基和环氧树脂膨胀型。由于火灾对关键结构部件的潜在后果，因此维护这些涂层非常重要。作为维护计划的一部分，需要定期检查这些涂层。典型的损坏包括进水，剥离，表面开裂，剥落和侵蚀。这种类型的损害更可能存在于老化结构中。损坏的PFP示例如图5.3所示。

图5.3　保留网暴露但完好的侵蚀PFP示例（HSE，2007）

英国的卫生安全管理局发布了关于损坏的PFP（HSE，2007）的检查，评估和修复的特殊信息表。这包括损坏的PFP涂层的验收标准，其包括三个严重性级别。最严重的等级（等级1）是发现PFP涂层严重失效的地方，以及需要立即采取补救措施，包括清除和恢复大量材料。对于2级严重性，基板的某些保护仍然存在，但可能会在火灾威胁期间将耐火性能降低到不可接受的水平，或存在于结构重要性较高的区域，或将导致材料进一步严重恶化。补救措施包括需要在可接受的时间范围内进行合理程度的修复。

与下部结构相比，标准对上部结构检查的覆盖程度较低。然而，ISO 19901-3（2010）

是专门为上部结构准备的，包括其中一节给出了上部结构检查的要求。因此，NORSOK N‑005（挪威标准，2017）对上部结构提出了具体要求。一般来说，ISO 19901‑3（ISO，2010）是指 ISO 19902（ISO，2007）中给出的在用检查和 SIM 要求。然而，前者强调腐蚀是最重要的劣化过程，标准列出了需要检查的特殊上部结构特定区域，如通道、地板、格栅和安全关键设备的支架。此外，对主甲板大梁、桥梁、燃烧臂、起重机、直升机甲板和其他可能存在疲劳问题的部件使用检查遵循 ISO 19902（ISO，2007）。

该标准表示从基本到非计划的默认检查范围，与 ISO 19902 标准相同，如 5.2.5 节所述。然而本标准并未对上部结构的 4 级检查进行说明，即它意味着无需进行详细检查。但是 3 级检查包括对所有安全关键结构部件的详细无损检测。如上文所述，ISO 19901‑3 中所述的定期检查强调了 PFP 和涂层对上部结构非常重要。

HSE（2000）审查了上部结构的制造和运行检查标准。得出的结论是在评估工艺装置和管道系统的结构系统相互作用时，应采用比现行规范和标准中普遍确定的方法更为系统的方法。需要注意的是，《健康、安全与环境报告》的作者只能查阅 ISO 19901‑3 的早期草案。这种相互作用很重要，因为如果支撑结构失效，可能会有碳氢化合物泄漏，从而导致火灾和爆炸。报告还得出结论，上部结构部件的检查类别制定基于风险的定量评估是一个可行的方法。这将允许采用合理和一致的方法。自本报告发布以来，基于风险的舷侧结构检查得到了发展，许多工程公司能够向运营商和值班人员交付此类检查计划。然而现实实践中仍然依赖于单个操作员，而更一般地介绍这种方法很可能需要将其纳入标准，如 ISO 19901‑3。

5.2.8　结构监测

结构监测（也称为在线监测，在线监测或结构健康监测）是使用传感器对结构进行仪器化观察，该传感器连续或周期性地测量结构行为以识别结构的材料或几何特性和边界条件的变化。结构监测包括使用数据的分析（统计模式识别）识别结构的损坏改变或结构的其他变化。目前使用最常用的结构监测方法有：

（1）自然频率响应监测。

（2）泄漏检测。

（3）空气间隙监测。

（4）全球定位系统监控。

（5）疲劳计。

（6）系泊链张力监测。

（7）声发射监测。

（8）声学指纹识别。

（9）应变监测（例如应变仪或光纤）。

有充分证据表明，结构中的损坏以及在某些情况下损坏的位置可以通过结构监测来检测。损伤的类型及其严重程度也可以通过最先进的监测和分析方法来定义（May et al.，2008）。

结构监测可以补充现有的检测技术，以增加确定结构完整性状态或降低检测成本。它可以帮助满足结构完整性终身管理的要求，并提供信息来证明延长寿命的案例。结构监测可以与其他方法结合使用，以证明结构在其原始设计寿命之外的持续安全操作。结构监测的其他典型应用包括：

（1）监测已知的局部缺陷或结构的高风险部分。

（2）减少 NDT/NDE 检查活动（在某些情况下）。

（3）证明符合监管要求。

离岸油气结构物的开发利用了在线仪表技术。壳牌公司的 Tern 和英国石油公司的 Magnus 等项目对这些平台上的载荷提供了更好的了解，从而能够为未来的结构开发出更高效的设计方法（HSE 2009 RR685）。监测离岸结构物的损坏情况，如在尼尼安南部的平台上使用声发射（Mitchell & Rodgers，1992），为在计划和实施维修时继续作业提供了信心。Simonet 结构完整性监测网络和网站是个有用的信息来源（www. simonet. org. uk）。

有关结构监测的更多信息，请参见 HSE 委托开展的一项研究（HSE 2009 RR685）。本研究的主题包括：

（1）识别和评估适用于离岸使用的当前结构监测技术。

（2）审查相关规范和标准以及其他背景资料。

（3）海洋油气工业结构完整性监测现状综述。

对于某些目的，结构监测可作为传统检查方法的一种经济有效的替代方法，特别是对于可接近性有限的监测区域。结构监测也是验证新设计解决方案（NORSOK N -0051997）的重要工具。

许多离岸规范和标准参考了结构状态监测。其中包括 ISO 16587（ISO，2004）、ISO 19902（2007）、API RP2 SIM（API，2014）和 NORSOK N - 005（挪威标准，2017）。在大多数情况下，参考资料表明，结构状态监测可作为常规检查的补充。这些标准包括以下情况下的结构状态监测系统：

（1）ISO 19902 指出，在正确设置、校准和维护空气间隙测量装置的地方，波高和潮汐的连续记录可以提供非常有用的环境条件信息。如果这可以与方向性数据相结合，并且理想地是一些估计动作的方法（如应变仪），则数据可以用于分析和评估缺陷和剩余寿命，可能减少保守性。此外，ISO 19902 还指出，卫星测量技术通常可用于确定结构的位置，从而确定空气间隙。

（2）API RP2 SIM 表明，监测疲劳敏感接头和/或报告的裂纹状显示可能是分析验证的可接受替代方法。

（3）ISO 16587：2004 描述了评估结构条件的性能参数，包括测量类型、设定可接受性能限值的因素、构建统一数据库的数据采集参数以及国际公认的测量指南（如 Minology、传感器校准、传感器安装和认可的传递函数技术）。

表 5.3 列出了当前技术可监测的参数范围，关于这些技术的更多细节见附录 B。

从上面可以清楚地看出，在过去几十年中，海洋产业已经实施了多种技术来监测（持续）海洋结构物的状况。一般来说，这些技术都是一次性应用的，因为这些技术在成熟度和适用性方面差异非常大。由于这些原因，工业界并没有广泛采用连续结构监测，而是更倾向于采用定期检查方案。

表 5.3　　　　　　　　　　　　　　当前技术可监测的参数范围

结构监测技术	监测技术实例	监控能力
空气间隙监测	GPS，激光器	空气间隙损失
全球定位系统	GPS	失站保持、空气间隙损失
声发射	声应力波监测装置	疲劳裂纹萌生、疲劳裂纹扩展、腐蚀
连续水下构件检测和泄漏检测	由水或浮力激活的电子探测器电池	构件泄漏检测、破坏水密完整性、槽厚开裂、槽厚腐蚀
自然频率响应监测	加速度计	构件拆除费、构件和接头严重损坏、阻尼
疲劳计	应变计	疲劳裂纹
声学指纹		槽厚开裂（完全切断的构件）
应变监测		局部应力和加载状态

越来越多的结构被要求超过其原始设计寿命继续运行，但已有结构知识与实际结构完整性之间存在差距。这种"知识鸿沟"是由于个别或组合疲劳失效的可能性大大超过设计寿命。因此现有结构在不知道不安全条件下的可能性也在增加。消除知识鸿沟的一种方法是实施一个持续监测结构退化的系统。

连续结构监测为监测老化结构的退化提供了一个机会，因为使用定期检查时，老化结构的状况存在不确定性。此外，如第四章所述，从老化结构发出预警信号尤为重要。提供这种早期信号的优质选择无疑是来自连续状态监测。这要求对结构的可能和关键失效模式有充分的了解，并且结构状态监测系统的设计能够识别此类失效。

5.3　检查结果评估

对结构的检查和其他监测将产生有关当前状况和配置、任何退化趋势和结构荷载的新数据。当这些新数据可用时，有必要对结构进行评估（另见 2.4 节中的 SIM 流程），以决定其是否足够安全，是否适合下一次计划检查，或者如果：

（1）需要立即采取措施（如果数据表明结构有立即失效的危险）。

（2）任何退化模式都有趋势。

（3）需要采取缓解措施，如修补、加固或焊接改进。

（4）需要进一步分析（评估）。

（5）需要进一步检查。

（6）现有的监测方案是充分和适当执行的。

评估通常通过检查预先确定的验收标准、裂纹尺寸、腐蚀扩展、可接受载荷和缺陷等进行。确定裂缝验收标准的方法见 4.6 节。

一些简化的计算可以作为评估的一部分进行，但如果需要进行分析，这通常作为评估的一部分进行。如果需要进行此类分析，则必须将评估结果（有关异常的准确信息）传达给进行评估的工程师。评估还需要包括为执行必要的纠正措施和缓解措施准备必要的文件。

在检查和监测期间发现的异常情况，可能需要改变未来的检查和监测计划，以监测和记录受影响区域的状态以及任何相关的补救或缓解措施。因此，评估工程师应确保这些信息包含在长期检查和监督计划中。

评估需要考虑许多影响结构性能的因素，以及各种结构部件的防腐保护。ISO 19902（ISO，2007）指出了需要考虑的以下结构性能因素：

（1）结构的年龄、位置、现状、原始设计情况和标准，并与当前设计标准进行比较。

（2）原始设计和后续评估的分析结果和假设。

（3）结构储备强度、结构冗余度和疲劳敏感性。

（4）特定环境条件下的保守程度或不确定性。

（5）以前的在役检查结果和从其他结构的性能学习。

（6）修改、添加、修理或加固任何碎片。

（7）任何意外和严重环境事件的发生。

（8）平台对其他操作的重要性。

在腐蚀控制方面，ISO 19902（ISO，2007）指出了评估中要考虑的以下方面：

（1）设计中使用的假设和标准。

（2）系统的细节（外加电流或牺牲阳极）及其过去的性能。

（3）与设计标准相比，监测的 CP 读数。

（4）目视检查阳极状态（如果使用牺牲阳极保护系统）。

如果评估结果不可接受，就不符合上述标准而言，则可能需要进一步分析（评估）。或者需要按照下一节所述实施减少结构失效可能性的缓解措施。

5.4 受损结构的缓解

5.4.1 引言

当在检查过程中发现损坏时，可能需要对离岸设施进行减缓和结构修复。如果缓解和修复与减少受损或退化结构的潜在故障有关，这些结构可能涉及修复、加固或在某些情况下需要进行监测，直到认为有必要采取进一步措施为止。

是否需要缓解是通过评估过程确定的，参见 5.3 节。如果评估（以及可能的额外评估过程）表明需要缓解，则可以使用许多不同的方法，具体取决于损坏和退化的类型。补救措施的选择及其程度将取决于结构完整性风险的来源及其程度。

加强，修改和修复等缓解技术通常包括（Dier，2004）：

（1）焊接（干焊或湿焊）。

（2）夹紧技术（机械夹具，灌浆填充夹具/套管和氯丁橡胶衬里夹具）。

（3）灌浆（构件或接头）。

（4）焊缝改进（打磨、轮廓打磨或锤击）。

（5）其他（焊接、复合材料、构件拆除和螺栓连接的补磨）。

焊接改进方法可分类为（Haagensen，Maddox，2006）：

（1）加工方法（磨边、磨盘、水射流清根）。

（2）再熔化方法（TIG 熔敷、等离子熔敷和激光熔敷）。

（3）残余应力修正方法：

1）机械喷丸方法（锤击、针击、喷丸、超声波喷丸）。

2）机械过载方法（初始过载、局部压缩）。

3）热方法（热应力消除、局部加热、Gunnert 方法）。

这些焊接改进方法主要用于延长焊接的疲劳寿命，并且通过结合修改焊缝的加工方法（如磨削）和残余应力的改进办法（如喷丸）以获得最佳结果（Haagensen，Maddox，2006）。

固定钢导管架结构的结构修复和加固通常是为了修复开裂的焊接部件或提供替代的荷载路径（如机械或灌浆夹具）。在水下维修之前，需要进行大量的计划，有时需要在陆地上组装部件，以尽量缩短水下维修所需的时间。在这方面能够接近接头或构件进行维修是设计维修实施方式的关键因素；这种可接近性需要在设计阶段确定。在某些方面，可访问性也与可检查性相关（参见前一节），并且更可能在设计过程中被考虑。

固定式钢导管架结构包含一系列不同的部件，其中一些部件比其他部件更容易修复，见表 5.4。

表 5.4　　　　　　　　　　　固定钢导管架结构部件的维修能力

结构构件	典型损伤	易于维修
管状构件	凹痕、弯曲、腐蚀	构件灌浆。成员可以在本地替换或修复，访问是一个因素
管接头（焊接）	疲劳裂纹	裂缝可以修复（高压焊接），需要复杂的栖息地或其他负载路径，例如灌浆夹式修复。对裂纹区域进行打磨，以提高疲劳寿命
基桩	冲刷、桩腐蚀导致的桩承载力损失、土壤退化	可通过使用岩石倾倒来减轻冲刷。桩承载力损失很难修复
灌浆连接	与桩失去连接	很难修复，提供备用负载路径主要选项
牺牲阳极（用于阴极保护）	使用寿命，机械损伤	可更换阳极或安装替代 CP 系统
立管支架	腐蚀、疲劳	焊接修补、局部灌浆修补

可以看出，最难修复的部件是桩和灌浆连接件；另一个重要因素是这些组件也很难检查，因此认识到修复的困难。在设计阶段提供足够的容量是重要的，以便允许由于老化效应而导致的任何可能预期的强度降低。

现在考虑对腐蚀和疲劳损坏结构的可能的缓解措施。

5.4.2　减轻腐蚀损害

如 3.4 节所述，离岸设施的腐蚀管理包括以下区域：

（1）水下：提供腐蚀保护系统，如牺牲阳极，外加电流或防污（船形结构）。

（2）浪溅区：使用涂层和腐蚀余量（额外的钢板厚度）。

（3）大气区（包括上部）：主要通过涂层保护。

即使有这些保护系统，大多数离岸设施也会受到一定程度的腐蚀。典型的例子是由于涂层损坏或保护电压控制不良。

补救措施包括：

（1）腐蚀防护系统的改进。

（2）修复损坏的涂层。

（3）补丁修理（去除腐蚀部分并更换补丁）。

（4）更换新钢构件或结构件。

5.4.3 减缓腐蚀防护系统

防腐系统在设备使用寿命开始时设计，其预期寿命与设计寿命相当。因此，延长寿命可能需要审查这些系统并考虑所需的任何缓解措施。

对于水下系统，牺牲阳极的设计通常具有 25 年的寿命，基于系统的预期电流需求。作为检查计划的一部分，检查阳极条件并且根据剩余材料判断是否需要更换。图 5.4 显示了牺牲阳极的同时材料损失增加。在某个阶段（例如严重凹坑的例子），这个阶段的保护潜力较小，因此 CP 效率较低。在这个阶段需要更换阳极以保持有效的保护。

可以更换单个阳极，但这可能涉及大量的水下作业，通常需要潜水员。另一种方法是提供一个包含多个阳极的吊舱，以升级局部区域的保护。

这些吊舱沉积在海床上，并使用

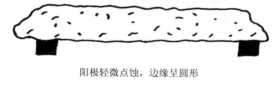

阳极轻微点蚀，边缘呈圆形

阳极中度点蚀，约50%缺失

阳极在可见框架的地方严重凹陷

图 5.4　老化阳极条件示例

夹紧系统连接到任何管状构件或法兰，从而在很少或没有潜水员干预的情况下减少安装时间。然而与使用传统的单个阳极相比，该系统可以导致更低效的保护扩散。

另一种方法是使用包含几个阳极的环箍，这些阳极可以夹在平台上的构件周围。

作为退役的一部分，从离岸拆除装置可以更深入地检查阳极的状态。其中一个例子是，我们在离岸 11 年时间里开采的西索勒 WE 平台。对包括阳极在内的几个组件进行了详细检查，如图 5.5 所示。发现阳极的重量损失为 40％，低于预期值。恢复前测量保护电位，与 Ag/AgCl 相比，保护电位在 0.87～0.93V 范围内，比设计阶段设定的水平更为正值。浪溅区涂层是煤焦油环氧树脂，发现保护作用已被波浪和喷雾作用破坏。需要注意的是，在维护期间，通过更多的喷漆，可以将这一点降到最低。在浪溅区的构件上发现了

图 5.5　从西索勒 WE 平台回收的铝阳极
显示出比预期更少的损耗，
平均重量损失为 40%
资料来源：J. V. Sharp

孤立的点蚀和金属损耗，有些地方的深度可达 3mm，如果平台在离岸停留的时间更长，这一现象可能会变得更严重。

涂层用于腐蚀控制，因为涂层能起到隔离金属与腐蚀环境的屏障的作用。涂料可以应用于建筑场地或离岸，虽然后者更昂贵，但往往效率较低。离岸使用的典型涂层包括煤焦油环氧树脂（如上所述，适用于西索勒 WE 平台）和环氧树脂。此外，PFP 涂层用于可能发生喷火的平台区域。涂层作为维护计划的一部分进行检查，可能需要根据损坏程度进行维修或更换。有几种标准（ISO，2011），用于测量涂层可能出现的起泡、生锈、剥落或开裂程度。点锈是最常见的涂层失效类型之一，通常是由于老化造成的。在不去除涂层的情况下，评估基板的损坏程度可能很困难，也可能很昂贵，需要大量的补救工作。

涂层和阳极保护也具备浮式结构中压载舱的防腐功能。这些涂层的破坏可导致局部腐蚀和水完整性的损失。在这些区域适当地恢复涂层是一项重要的缓解措施。

5.4.4　减轻疲劳和其他损害

当在检查和分析过程中发现疲劳损伤时，通常需要进行结构维修，并且分析表明如果不进行维修这种损伤将降低结构的安全水平。目前有许多不同的结构维修方法，其中包括两种主要类型：

（1）对受损焊缝进行局部修改。

（2）提供替代的荷载路径或加固受损构件。

局部改进的例子有补焊、裂纹两端钻孔和焊缝打磨。补焊包括通过打磨去除裂缝，以及通过手工金属电弧焊或毛刺打磨填充产生的不平整，以在成对焊面上实现光滑的表面光洁度。钻孔和冷膨胀包括通过钻穿厚度孔消除疲劳裂纹尖端，然后冷膨胀以在孔周中包含压缩残余应力。单靠打磨就可以去除穿透部分壁厚的裂纹，方法是用毛刺打磨，从而消除由此产生的未修复的开挖。所有这些方法都已针对修复结构的性能进行了研究，这将在 5.5.2 节中进一步讨论。一般而言，已发现焊态补焊的疲劳强度比未焊态补焊略低。

为受损构件提供备用荷载路径的示例有夹具（灌浆和机械加固）、受损管状构件的灌浆填充和通过添加支架或改进易开裂细节处支架几何结构的局部加固。一个典型的例子是在横向框架或舱壁的侧面纵向连接处增加改进的支架。

对于每种类型的维修，需要解决的因素包括：

（1）其应用和操作要求，尤其是水下维修。

（2）应用范围。

（3）容许工作负荷。

（4）静强度。

（5）疲劳。

用于焊接修复的技术包括高压焊接（使用保持干燥环境的条件进行水下焊接）和湿焊接（通常在提供空气中焊接的强度方面存在问题）。前者是一个昂贵的过程，涉及在水下建造栖息地，并由潜水员来实现焊接修复，但能够实现良好的性能。使用潜水员也需要昂贵的支援船。

提供替代负载路径的典型方式是通过灌浆填充构件或通过使用诸如机械连接和夹具的结构部件。有几个例子表明，这些都可在离岸成功实现（Dier，2004）。但是，由于需要水下作业和支持船，其成本很高。典型的结构维修如图5.6所示。

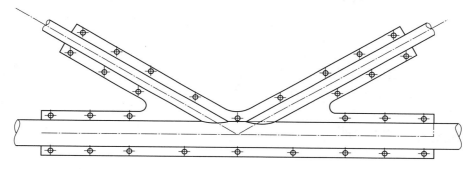

图5.6 使用螺栓连接修复开裂管K接头
的示意图

为了提供此类维修的设计信息，包括疲劳和静态强度特性，已加快了若干评估计划（能源部，1988a，b）。这些测试包括在实验室中对修复部件和灌浆部件进行测试。修复中的一个关键因素是能够与现有钢结构紧密连接，从而使应力传递有效。实现这一点的方法包括使用灌浆填充原始钢结构和夹具之间的界面，或使用弹性膜（如氯丁橡胶）。通过使用长双头螺栓将夹具直接施加在管段上，可以更有效地传递应力（Dier，2004）。多年来，结构维修和夹具的性能令人满意，但需要定期检查，尤其是在使用螺栓连接维修的两部分。这些修理和夹具在增加波浪荷载方面有缺点，在修理设计和整体结构评估时需要考虑这一因素。

受损构件或接缝的灌浆填充可增加其静强度，尤其是在构件遭受冲击损伤（如凹陷）时。在疲劳方面，水泥浆的引入大大降低了轴向和平面外弯曲条件下产生的应力，从而降低了支撑/弦焊缝交叉处周围的应力集中系数（SCFs）。试验还表明，试验方案中所研究的几何结构的灌浆加筋节点的破坏模式与常规节点的破坏模式没有改变。

图5.7显示了用于加强Viking AD平台连接的螺栓夹。在退役之后从平台回收该夹具，可在诸如螺栓和灌浆之类的部件上进行测试。

在半潜式和船形结构中，疲劳损坏的修复通常通过研磨和焊接修复来完成，如果在干燥条件下（如干船坞）执行则更容易。在半潜式或船形结构中发现疲劳裂纹通常涉及在如

图 5.7 维京广告平台上使用的螺栓夹（退役后）

资料来源：J. V. Sharp

加强件的设计或制造中的不良细节。在这些情况下的补救措施通常包括重新设计细节以降低应力集中系数或磨削现有的加强筋以减少热点应力的影响。

5.5 修复结构的性能

5.5.1 引言

修复后的结构可提高整体性能，尤其是强度和腐蚀性能，但通常会继续存在一些疲劳问题。修复结构的安全性取决于设计和制造的质量，以及进行维修时使用的工艺。因此，这些维修需要在维修一段时间后进行后续检查。

5.5.2 修复导管架接头的疲劳性能

一项涉及对焊接 T 型管接头进行一系列疲劳试验研究（能源部，1988a，b），其中疲劳裂纹采用多种替代方法进行修复，目的是根据残余疲劳性能确定修复方法的等级，并确定是否有必要。修复整个关节或仅修复开裂区域。在平面外弯曲中测试接头。调查的修复方法为：

（1）补焊（通过打磨去除裂缝，并通过手工金属电弧焊填充产生的不平整）。

（2）补焊和磨边（如上所述进行补焊，完全磨边，以去除补焊趾，并在补焊面上实现光滑表面）。

（3）钻孔和冷膨胀（通过钻穿厚度孔去除疲劳裂纹尖端，然后进行冷膨胀，以包括孔周的压缩残余应力）。

（4）单独研磨（零件壁裂纹通过毛刺研磨去除，导致的挖掘未修复）。

修复焊接是在车间条件下的大气压力下进行的，而不是试图重现修复离岸结构物时可能遇到的条件。在一项附属调查中，测量了在高压条件下沉积的焊缝金属中的疲劳裂纹增长率，以确定高压修补焊缝是否会产生与单一条件修补相似的结果（能源部，1989）。结果发现：

（1）以热点应力范围表示，焊后补焊的疲劳强度略低于未补焊的疲劳强度。然而，这一点得到了补偿，因为在进行修复时，整体焊缝长度增加，导致修复焊趾的应力范围减小。因此，如果修复后施加的载荷与之前相同，则修复后的穿透厚度裂纹的疲劳耐久性与修复前相似或略大于修复前的疲劳耐久性。

（2）尽管需要获得光滑的表面光洁度，以避免焊缝表面过早出现裂纹，但对补焊焊缝进行毛刺打磨可以显著提高疲劳强度。如果修复后施加的载荷继续保持不变，则贯穿厚度裂纹的疲劳寿命超过修复前的两倍。

（3）槽厚和零件壁补焊表现相似。在所研究的加载模式下，通过厚度修补可以在根部容忍相对大量的穿透缺陷。

（4）裂纹尖端的冷胀孔不能有效地延缓裂纹扩展。

（5）通过磨削去除零件壁缺陷是一种有效的修复方法，修复后的耐久性比未修复接头的平均值高出四倍。提供的数据允许在给定开挖深度下估计可能的剩余寿命。

（6）为了避免过早失效，有必要对弦杆和支撑侧未修复的焊趾进行毛刺打磨。

（7）高压补焊中的裂纹扩展速率预计与本报告研究的单气氛补焊中的裂纹扩展速率相似。

联合工业维修研究项目（能源部，1988a，b）由英国能源部和九家石油公司资助。该研究调查了用于加固或修理水下钢构件的灌浆和机械连接件及夹具的静态强度和疲劳性能。进一步的研究（能源部，1989）提出了一项针对管状构件的试验方案的细节和结果，以确定灌浆作为修复损坏的方法的有效性。这些试验包括在受控条件下对许多灌浆填充试件的长度进行缩进。在凹陷之后，对管进行测试，然后在失效之后，切开以检查灌浆的状况。与未填充的受损和未损坏的母管进行比较。并与分别进行的实验和理论分析进行了比较。

结果表明，在试验数量和尺寸方面，与相同但未填充的受损管相比，灌浆的存在增强了构件的强度。结果表明，强度的增加取决于灌浆强度、凹痕尺寸和 L/r（回转比长径比）和 D/t（直径厚比）。在较高的灌浆强度下，极限强度提高了 $45\%\sim125\%$。凹痕尺寸（d）影响强度，小凹痕增加约 70%（$d/D=0.04$），大凹痕增加约 55%（$d/D=0.16$）。在 D/t 比值较低的情况下，L/r 比值影响不大，但在 D/t 比值较高的情况下，L/r 比值降低。

长细比（L/r）值越小，强度越大，D/t 比越大，但在长细比（L/r）值越大，强度变化越小。除了测试的最严重的损坏情况（$d/D=0.16$），高强度灌浆的存在使受损构件的强度增加到超过相同未填充未受损构件的强度。然而，强度的增加导致了倒塌后的损失和快速卸载。虽然这些效应不会改变灌浆增强强度的主要结论，但在较小的荷载下，与较小的试验相关的标度效应似乎会出现。从有限的试验结果来看，疲劳在可接受的灌浆强度下似乎不是个重要问题。由于在静态情况下，极限荷载受灌浆强度的影响，因此在较低的灌浆强度下，疲劳可能是个重要的考虑因素。

该报告（能源部，1992）描述了修复和完全内部灌浆的管状焊接 T 形接头的静应力分析和疲劳试验。对两个因 UKOSRP 计划而导致的直径为 914mm 的 T 形疲劳损伤管接头进行了修复和内部灌浆。对每个试件进行了广泛的应力分析，以确定管内灌浆对三点荷载、通过支撑构件的轴向荷载、平面内弯曲和平面外弯曲产生的应力和应变集中系数的影响。然后，通过支撑构件对每个试件进行轴向疲劳荷载，以评估由于引入这种类型的加强对疲劳性能和失效模式的影响。在每个试验过程中，记录裂纹萌生点和裂纹扩展数据以及接头柔性数据（能源部，1989）。

以应力集中因子和应力耐久曲线的形式给出的结果表明，该技术可以通过减少节点在使用过程中所承受的载荷对节点/支撑路口周围的热点应力来延长节点的疲劳寿命。除疲劳寿命可能延长外，裂纹扩展和局部接头柔性表明，失效模式与常规节点的失效模式没有改变。更详细的结果是：

（1）水泥浆的引入大大降低了轴向和平面外弯曲条件下产生的应力，从而降低了支撑/弦焊缝交叉焊缝周围的 SCFs。

（2）两个水泥浆加筋节点的疲劳寿命均低于平均 T 曲线的预测值，但均在常规节点显示的分散带内。

（3）本方案所研究的几何结构的灌浆加筋节点的破坏模式与常规节点的破坏模式没有改变。

（4）如果主要荷载条件为轴向荷载，可通过引入灌浆延长现有未受损节点的疲劳寿命。

（5）现有 $S-N$ 曲线结构分析方法仍适用于灌浆加筋节点。

（6）灌浆节点的减载与常规节点相似。

5.5.3 修复电镀结构的疲劳性能

根据船舶结构委员会（SSC）报告 425（2003），关于船用结构中修复的电镀结构的疲劳性能几乎没有导则和标准。然而，TSCF（油轮结构合作论坛）为船型结构中典型裂纹的状态评估和修复提供了几个来源（TSCF，2018）：

（1）油轮结构的状态评估和维护，1992 年。

（2）双船体油轮结构的检查和维护指南，1995 年。

（3）《油轮结构指南手册》，1997 年。

（4）油轮结构维护指导手册，2008 年。

SSC 报告进一步表明，维修技术可分为三大类：

（1）表面裂纹修补。

（2）全厚度裂纹的修复。

（3）修改连接或整体结构，以减少开裂原因。

参考文献

API (2014). API RP-2SIM Recommended Practice for Structural Integrity Management of Fixed Offshore Structures，American Petroleum Institute.

API (2015). API-RP-2I In-service Inspection of Mooring Hardware for Floating Structures, 3e, American Petroleum Institute.

API (2017). API-RP-2FSIM Floating Systems Integrity Management – Draft, American Petroleum Institute.

API (2018). API RP-2MIM Mooring Integrity Management – Draft, American Petroleum Institute.

CSWIP (2018). Certification scheme for personnel compliance through competence. www. cswip. com (accessed 5 April 2018).

Dalane, J. I. (1993). System reliability in design and maintenance of fixed offshore structures. PhD thesis. Norwegian Institute of Technology, University of Trondheim, Norway.

Department of Energy (1988a). Offshore Technology Report – Fatigue Performance of Repaired Tubular Joints, OTH 89 307, HMSO.

Department of Energy (1988b). Grouted and Mechanical Strengthening and Repair of Tubular Steel Offshore Structures, OTH 88 283, HMSO.

Department of Energy (1989). Offshore Technology Report – Residual and Fatigue Strength of Grout Filled Damaged Tubular Members, OTH 89 314, HMSO.

Department of Energy (1992). Fatigue Life Enhancement of Tubular Joints by Grout Injection, OTH 92 368, HMSO.

Dier, A. F. (2004). Assessment of repair techniques for ageing or damaged structures. MMS Project # 502, Funded by Mineral Management Service, US Department of the Interior, Washington, DC under contract number 1435 – 01 – 04 – CT – 35320.

DNVGL (2015). DNVGL-RP-C210 Probabilistic methods for planning of inspection for fatigue cracks in offshore structures. DNVGL, Høvik, Norway.

Dover, W. J. and Rudlin, J. R. (1996). Defect characterisation and classification for the ICON inspection reliability trials. *Proceedings of 1996 OMAE*, vol. Ⅱ, pp. 503 – 508.

Haagensen, P. J. and Maddox, S. J. (2006). IIW recommendation on post weld improvement of steel and aluminium structures. IIW report XIII-1815-00, International Institute of Welding.

HSE (2000). HSE OTO 2000/027. Review of current inspection practices for topsides structural components, Health and Safety Executive (HSE), London, UK.

HSE (2007). Information Sheet Advice on acceptance criteria for damaged Passive Fire Protection (PFP) Coatings. Offshore Information Sheet No. 12/2007, Health and Safety Executive (HSE), London, UK.

HSE (2009). Information Sheet Guidance on management of ageing and thorough reviews of ageing installations. Offshore Information Sheet No. 4/2009, Health and Safety Executive (HSE), London, UK.

HSE (2017). Research report RR1091, Remote Operated Vehicle (ROV) inspection of long term mooring systems for floating offshore installations, Health and Safety Executive (HSE), London, UK.

ISO (1998). ISO 2394: 1998, *General principles on reliability for structures*, International Standardisation Organisation.

ISO (2004). ISO 16587: 2004, *Mechanical vibration and shock – performance parameters for condition monitoring of structures*, International Standardisation Organisation

ISO (2006). ISO 19904: 2006, *Petroleum and natural gas industries – floating offshore structures*, International Standardisation Organisation.

ISO (2007). ISO 19902, *Petroleum and natural gas industries – fixed steel offshore structures*, International Standardisation Organisation.

ISO (2010). ISO 19901 – 3: 2010, *Petroleum and natural gas industries – specific requirements for offshore structures-Part 3: Topsides structure*, International Standardisation Organisation.

ISO (2011). ISO 4628, *Evaluation of degradation of coatings*, International Standardisation Organisation.

ISO (2013). ISO 19900: 2013, *Petroleum and natural gas industries – general requirements for offshore structures*, International Standardisation Organisation.

ISO (2017). ISO/DIS 19901 – 9: 2017, *Structural integrity management*, International Standardisation Organisation.

May, P., Sanderson, D., Sharp, J. V., and Stacey, A. (2008). Structural integrity monitoring – review and appraisal of current technologies for offshore applications, Paper OMAE2008 – 57425. In: *Proceedings of the 27th International Conference on Offshore Mechanics and Arctic Engineering*, Estoril, Portugal (June 2008). New York: American Society of Mechanical Engineers.

Mitchell, J. S. and Rodgers, L. M. (1992). Monitoring structural integrity of North Sea production platforms by acoustic emission, Offshore Technology Conference, OTC – 6957 – MS.

O&GUK (2014). Guidance on the Management of Ageing and Life Extension for UKCS Floating Production Installations, Oil and Gas UK, London, UK.

SSC (2003). Fatigue strength and adequacy of weld repairs, Ship Structure Committee report no. 425.

Standard Norge (2011). NORSOK Z-008 Risk based maintenance and consequence classification – Rev. 3. Standard Norge, Lysaker, Norway.

Standard Norge (2015). NORSOK N-006 Assessment of structural integrity for existing offshore load-bearing structures. 1e. Standard Norge, Lysaker, Norway.

Standard Norge (2017). NORSOK N-005 In-service integrity management of structures and maritime systems. 2e. Standard Norge, Lysaker, Norway.

TSCF (2018). Reports on TSCF. www. tscforum. org (accessed 4 April 2018).

第6章 总结与进一步思考

6.1 老化结构和寿命延长

如本书所介绍，老化涉及的离岸结构暴露在环境中，导致其在自然灾害和意外荷载造成逐渐退化和损坏。这些结构的使用方式通常会随着时间的推移而发生变化，因此会改变结构的荷载和配置。除非得到解决，否则这种结构的状况、负荷、配置或知识结构的变化可能会削弱对其完整性状态，并影响在不断发展的技术和监管制度下进一步服务的可行性。

对石油和天然气生产的持续需求意味着将老式离岸结构寿命延长到原始设计规范之外是至关重要的。在寿命延长阶段之后，停产后，退役和拆除结构可能需要更多年的时间。因此，上述老化引起的变化需要加以处理、认识和考虑，以便在延长寿命期间保持和证明结构完整性。

这些变化已经在本书的不同章节中进行了讨论，目的是展示随着年龄的增长，如何确定其结构完整性。此外，本书还指出了适当检查和评估这些结构的方法，以确保这些旧结构在寿命延长阶段的安全管理。本书强调了增加知识和历史的重要性，并确保不适合进一步服务的结构得到升级或退役。

老化和寿命延长可能会带来新的问题和需要解决的挑战。其中包括：

（1）随着时间的推移，损坏和退化的可能性会增加，因此，检查在很大程度上对结构的持续安全更为重要，与某些现有方法相比，越来越需要更高水平的检查能力。

（2）老化结构更有可能发生广泛的退化和损坏（包括结构中相邻位置的几次损坏），这突出了对检查的需求，同时也突出了结构冗余度和延展性。

（3）结构状态的不确定性，随着时间的增加，其程度降低了其完整性状态，必须通过本书中描述的评估方法来处理。

（4）由于多年来的组织变革和记录保存不善，有关结构历史的现有信息可能不容易获得。

（5）用于分析结构的工程方法和使用的标准可能在结构安装后的几年中发生了变化。

（6）过时可能对较旧的装置很重要，应予以考虑，特别是对于涉及浮式结构的稳定性、压载、车站保持和水密完整性的海洋系统。

（7）由于上述问题，显然需要对延长使用寿命的结构进行检查，因此结构的可检查性是一项重要需求，给难以检查的区域提供了一项特殊挑战。

（8）结构的可修复性是重要的需求，给难以修复的区域也提供了特殊的挑战。

（9）随着寿命延长方面的专业知识的发展，随着老化结构数量的增加，将制定改进的评估方法，并需要将其纳入标准中。

（10）经济因素，包括持续经营的不确定性，可能会影响寿命延长的管理。

近年来，越来越多地认识到结构完整性管理（SIM）的重要性，导致了 SIM 标准的出现［如美国石油学会（API）、国际标准化组织（ISO）和挪威石油公司（Norsok）］。这些标准是建立一致和良好行业惯例的第一步。然而，在近海行业，仍需要制定延长寿命的指导和行业实践，以使人们更广泛地认识老化问题。随着老化结构的数量不断增加，这一问题越来越重要。

6.2　与老化结构有关的进一步工作和研究

研究和技术进步在离岸结构物的设计和操作（包括检查和评估）的行业实践和标准的制定过程中一直扮演着重要的角色。随着结构的老化，需要进一步发展这些标准和行业惯例。本书确定了一些与老化结构相关的领域，这些领域可以从进一步的研究中受益。

近年来，由于更多研究的可用性、更好的测试数据和操作经验，关键退化机制得到了显著发展。然而，仍有许多问题需要进一步研究老化的离岸结构物。其中包括：

（1）对运行中很难或不可能检查的部件的处理，如复杂节点、甲板下结构、桩和基础。这些措施的完整性取决于对设计数据的评估、当代的评估程序以及先进的检查和监测技术。对于更为关键的部件，例如固定式结构的桩连接，需要对渐进退化的影响以及结构在恶劣环境条件下可能出现的最终失效进行评估。

（2）如上所述，根据越来越多的试验数据，设计 S-N 曲线已开发多年。对于老化结构，这些曲线的较长寿命部分尤其相关。然而，由于需要在海水中以波频率（即每秒 0.2 周）测试疲劳组件，因此测试非常长，寿命大于 $10^6 \sim 10^7$ 周的数据非常有限，这使得 S-N 曲线的这一部分不确定。假设在较长的使用寿命内，适用于具有足够阴极保护的海水中组件的 S-N 曲线恢复为大气曲线，但这仍然不确定。

（3）退役结构部件的测试为了解这些部件在相关环境和结构本身中的实际性能提供了机会。到目前为止，已经进行了一些试验，但随着更多结构的退役，还有进一步试验的余地。此类试验应用于验证当前疲劳和强度评估方法的充分性，并用于进一步开发，包括使用分项安全系数。

（4）有证据表明，与较传统的中等强度钢相比，高强度钢（例如强度＞500MPa）的疲劳性能较差。当阴极保护水平比实际上可能发生的约 850mV 更小时，这尤其适用，因为很难将阴极保护水平控制在建议的 −750mV 至 −850mV 范围内。但是，测试数据有限。因此，需要特别注意对含有较高强度钢的老化结构的评估。

（5）进一步发展连续监测技术和自主检测车辆，以提供关于老化结构状况的改进和附加信息。

此外，概率方法为延长寿命评估和管理因老化引起的不确定性提供了一种特别有用的方法，但为了使这些方法成为完整性评估的基础，还需要进一步研究以下内容：

（1）概率方法需要改进，需要特别关注可观察和可测量的参数（如裂缝大小）而不是抽象的统计量。此外，在结构的概率分析中更新的方法应该基于来自特定结构的实际数据。

（2）概率检查计划对其结构的设计寿命证明是一种可接受的方法。然而，在许多情况下，概率方法表明老化结构的检查间隔越来越长，而裂缝的可能性预期会增加。这与管理老化结构所需检查间隔缩短的预期相矛盾，需要进一步开展工作以改进该主题的方法。

（3）需要利用疲劳寿命和冗余度预测进一步了解导管架结构的结构完整性，特别是目前使用水下构件检测（FMD）和一般目视检查（GVI）做法只检测到总损伤，以及老化结构退化程度增加的预期。

6.3 结语

在近海工业中，已经存在大量的导管架、半潜式装置、自升式装置、混凝土结构和船形结构。这些结构中的许多已经老化，但仍继续为现有油田的油气生产做出重要贡献。寿命延长管理的一个关键因素是平衡其成本与持续生产的相关商业利益。

除非新的结构投入使用，否则某些结构的过早停产会降低总生产能力。然而，如果现有结构能够延长寿命，投入新结构是不必要的代价。此外，这可被视为滥用建筑材料和自然资源，因此现有结构的寿命延长可减少对环境的影响。此外，延长安全寿命的管理越来越重要，需要得到运营商和监管机构的认可。

考虑到本书中讨论了关于老化结构的内容，建议新结构的设计者考虑两个关键因素，这将使结构更适合未来的寿命延长：

（1）加入足够的冗余度和延展性，以在老化导致退化和损坏开始累积时提供持续的完整性。

（2）设计安装的所有安全关键部件，以便进行检查和维修。

老化的离岸结构的持续安全是全球石油和天然气公司及其服务提供商日益重要的问题。人们认识到，寿命延长是一个相对较新的概念，它突出了老化的问题和评价方法正在发展。最终，在这些老化结构上的工作人员安全以及因老化结构事故而造成的任何潜在环境损害都是至关重要的。

如果本书有助于理解离岸结构的完整性管理，以避免可能产生此类后果，那么它将通过其寿命延长阶段实现确保离岸结构安全老化的目标。

附录 A　结 构 类 型

离岸工业主要使用的工作平台类型是固定和浮动平台。此外，还存在一些底部支持的示例，但本书不讨论这些示例。图 A.1 显示了离岸结构物的示例。

(a)　　　　　　　　　　(b)

(c)　　　　　　　　　　(d)

图 A.1　离岸结构物类型示例

（a）导管架结构旁边的自升式平台；（b）导管架结构；（c）混凝土重力基础结构；以及（d）半潜式装置

资料来源：Sundar（2015）经约翰威利父子公司许可转载

A.1　固定平台

本书概述了固定平台。这些通常包括：

(1) 钢导管架结构（主要是桩支撑或吸锚支撑）。

(2) 混凝土重力基础结构。

(3) 自升式平台。

导管架结构［图 A.1（b）］建在钢腿上并堆积在海床上，支撑甲板，甲板上有钻井平台、生产设施和船员宿舍的空间。钢导管架通常由管状钢构件制成。典型的钢平台如下图所示。钢结构受到疲劳和腐蚀等老化过程的影响，因此寿命延长是结构本身的一个关键问题。

混凝土重力基础结构［图 A.1（c）］通常由用于储油的混凝土单元基座和通常一到四个竖井（也称为沉箱）组成，这些竖井上升到海面以上以支撑平台。

自升式平台［图 A.1（a）］是一种自升式装置，具有可浮船体和多个支腿，当其就位时，可将其降到海床上，并将甲板升到海平面以上，从而为钻井和/或生产创造更稳定的设施。自升式钻机主要用于勘探钻井，但也有一些实例用于生产。

A.2　浮式结构

浮式平台一般依赖于其水密完整性和电站保持，以及其结构完整性。离岸工业中使用最多的浮式结构物类型包括：

(1) 半潜式平台（主要是钢制平台，但有一个为混凝土平台）。

(2) 张力腿平台（TLP）（主要为钢结构，但有一个为混凝土结构）。

(3) 船形平台和驳船形平台（大部分是钢结构，但也有一些是混凝土结构）。

(4) Spar 平台。

半潜式装置［图 A.1（d）］的船体、立柱和浮筒具有足够的浮力，使结构能够漂浮。半潜式平台通过压载和减载（改变海水舱的水位）改变吃水。它们通常通过系泊系统锚定在海床上，通常是链条或钢丝绳的组合。然而，半潜式平台也可以通过动态定位（DP）保持在台站上。这通常用于半潜式平台，如深水中的钻井装置和浮筒。船体支撑着一个甲板，甲板上可以安装各种钻井和/或生产设施。

TLP 类似于半潜式平台，但通过张力腿垂直固定，从而显著降低垂直运动。Spar 平台在某种程度上也类似于半潜式平台，但由支撑上部结构的单系泊大直径垂直圆筒组成。为了提供稳定性，在下半部分（通常是由固体和重型材料）对 TE 气缸进行压载。

船形结构，通常被称为浮式存储单元（FSU）、浮式存储和卸载单元（FSO）和浮式生产、存储和卸载单元（FPSO），是一种浮式船舶，其形状类似于离岸油气工业用于生产和碳氢化合物加工。它通常通过链条或钢丝绳固定在海床上，但也可以使用动态定位系统将其固定在海底。

参考文献

Sundar，V.（2015）. Ocean Wave Mechanics：Application in Marine Structures. Wiley.

附录B 检 查 方 法

本附录总结了检查和监测技术的基本信息。

B.1 一般目视检查

一般目视检查（GVI）是一种常用的检查方法，用于检测大型异常，并确定结构的一般状况和配置。水下GVI通常使用遥控飞行器（ROV）执行，而不移除海洋生物。该方法的一个优点是可以在短时间内对结构的大部分进行检查。

B.2 近距离目视检查

近距离目视检查（CVI）用于更详细地检查结构部件或检查可疑的异常情况。水下CVI通常使用由合格检查员操作的ROV进行，通常需要移除海洋生物。浮式结构的水上和内部干燥隔室的CVI应由合格的检查员执行。染料渗透可用于在干燥条件下增强裂缝的存在。

该方法的一个优点是，可以在合理的时间内以合理的成本实现一定程度的详细检查。

B.3 水下构件检测

水下构件检测（FMD）可用于检测最初充气的淹没空心构件中是否存在水，通过使用放射源或超声波方法指示整个厚度裂缝。FMD仅在水下使用，由ROV执行。该方法的另一个优点是可以在短时间内对结构的大部分进行检查。

即使存在贯穿厚度裂缝，也不一定会在整个构件中发生浸水，特别是在垂直和倾斜构件中。对于处于压缩状态的成员来说，这是一个特别可能的问题。

B.4 超声波检测

超声波检测（UT）主要用于厚度测量，尤其用于监测浮式结构中的腐蚀部件。超声波检测可由遥控潜水器在水下进行，但更常用于船体和舱室内部，以及用于上部检查。

B.5 涡流检测

涡流检测（ECI）涉及使用磁线圈在钢构件中感应涡流。表面断裂裂纹的存在会扭曲电流场，而电流场可以通过合适的探针检测到。ECI可在干燥条件下和水下使用。要使该方法有效，需要非常仔细的表面处理。ECI能够检测非常小的裂缝，根据DNVGL-RP-C210，在水下12mm和干燥条件下3mm深度的裂缝的检测概率为90%。

水下ECI通常由潜水员进行，但会带来成本和安全隐患。

B.6　磁粉探伤

磁粉检测（MPI）涉及在钢部件中使用感应磁场，并使用磁粉来识别是否存在表面断裂裂纹。需要非常仔细的表面处理。MPI 还可以检测非常小的裂纹，根据 DNVGL–RP–C210 检测裂纹的概率与 EC 检测相似。

水下 MPI 通常也由潜水员进行。

MPI 要求去除油漆，通常很难恢复原来的防腐保护。这可能会导致未来的腐蚀，特别是与半潜式和船型结构有关。

B.7　交流电位降

交流电位降（ACPD）技术是将电流通过放置在组件上的两个探针之间。探针之间存在表面断裂缺陷会增加局部电阻。此更改用于检测和尺寸缺陷。

B.8　交流磁场测量

交流磁场测量（ACFM）是一种用于检测和确定钢构件表面断裂裂纹尺寸的电磁技术。该方法涉及使用局部引入电流到元件中并测量相关电磁场的近似值。缺陷会干扰相关字段。可以通过识别缺陷的末端，以提供关于缺陷位置和长度的信息。ACFM 检测可以通过油漆和涂层进行，因此与其他几种无损检测（NDT）技术相比，它被认为需要更少的成本和时间。

B.9　声发射监测

声发射（AE）技术的原理是使用一组传感器来检测特征声模式，这些特征声模式可能会在结构中局部显示结构异常。声发射有许多应用，尽管最相关的离岸平台是结构监测。

声发射能实时提供疲劳裂纹扩展的信息，主要用于监测已知裂纹。据称，在常规无损检测方法检测疲劳裂纹之前，声发射监测还可用于早期检测疲劳裂纹。但是，这需要在相关区域预先安排传感器。

B.10　泄漏检测

该监控系统可包括一个传感器，用于检测水，然后通过声音或视觉装置发出警报。泄漏检测对于管理浮式结构的水密完整性尤为重要。通常，监管机构和船级社要求对浮式结构采用经批准的泄漏检测系统。当疲劳利用指数（FUI）超过 1.0 时，泄漏检测尤为重要。

B.11　空气间隙监测

监测空气间隙可确定平台基础是否存在沉降，并根据规定的最大顶部高度确定空气间隙的大小。现在常使用全球定位系统（GPS）或雷达来监测空气间隙。

B.12　应变监测

应变监测是用来测量结构部分的应力或加载状态。有许多应变测量技术可用，包括传统应变测量、光纤和应力探针。

应变监测主要应用于新型结构，以验证设计计算。应变监测也可用于验证寿命延长评估中复杂部件的应力。然而，在现有结构中安装应变监测相当繁琐且昂贵。

B.13　结构监测

结构监测是使用传感器观察结构，该传感器连续或周期性地测量结构行为（例如动态频率、应变、泄漏、位置和超声波），以识别结构的材料或几何特性和边界条件的变化。结构监测在 5.2.8 节中有更详细的描述。

附录 C 计 算 示 例

C.1 闭式疲劳计算示例

考虑一个已经使用了 20 年的结构，以及业主希望延长寿命 5～10 年的情况。然而，在一个易疲劳的构件上发现了腐蚀，必须假设发生自由腐蚀，并且阴极保护（CP）系统在该区域无效。

如果带有应力块的应力柱状图可以拟合到 Weibull 分布，则 Miner 的总和可以显示为（DNVGL RP – C203）：

$$D = \int_{\Delta\delta=0}^{\infty} \frac{nf(\Delta\delta)\,\mathrm{d}\sigma}{A_2/\Delta\delta^m}$$

其中 $f(\Delta\sigma)$ 是拟合柱状图的频率函数，n 是应用的加载循环的总数。威布尔模型频率函数得

$$(\Delta\delta) = \frac{h}{q}\left(\frac{\Delta\sigma}{q}\right)^{h-1} \cdot \exp(-\Delta\sigma/q)^h$$

其中 h 是形状参数，q 是分布中的比例参数。威布尔分布可以通过循环计数和能谱方法获得。然后可以通过常用的 Gamma 函数来确定积分。对于单斜率 $S-N$ 曲线，损伤（D）可以计算为

$$D = \frac{n}{A_2} q^m \Gamma\left(1+\frac{m}{h}\right)$$

其中 $\Gamma(\quad)$ 表示 Gamma 函数。这个函数可以在标准表和数学计算程序中找到。

在双线性 $S-N$ 曲线的情况下，损坏率将为（DNV – RP – C203）：

$$D = \frac{nq^{m_1}}{a_1}\Gamma\left(1+\frac{m_1}{h};\left(\frac{S_1}{q}\right)^h\right) + \frac{n \cdot q^{m_2}}{a_2}\gamma\left(1+\frac{m_2}{h};\left(\frac{S_1}{q}\right)^h\right)$$

其中 a_1 和 m_1 是上部 $S-N$ 线段的疲劳参数，a_2 和 m_2 是下部 $S-N$ 线段的疲劳参数，S_1 是 S 的斜率变化时的应力水平。S_1 为 $S-N$ 曲线（不连续点）斜率变化处的应力水平，n 是应力循环的数量，$\Gamma(x, y)$ 是互补的 Gamma 函数，$\gamma(x, y)$ 是不完整的 Gamma 函数。

假设可以根据 $S-N$ 曲线 E 计算细节，并且假设 20 年中的循环数为 10^8。进一步假设 Weibull 形状系数为 $h=0.9$ 并且假设 Weibull 标度参数为 $q=9$（即数据集中的最大应力范围是 $S_{\max}=230\mathrm{MPa}$）。

在该示例中，当结构受 CP 保护时，基于 DNVGL RP - C203 的 $S - N$ 曲线 E 给出 $lga_1 = 11.61$，$lga_2 = 15.35$ 和 $S_1 = 74.13$MPa。计算出的 20 年疲劳损伤则为 $D = 0.7$（年损伤 $D = 0.035$），表示此特定细节的剩余寿命为几年。然而，观察到的腐蚀表明，在过去的 3 年中需要使用自由腐蚀 $S - N$ 曲线。

在 DNVGL RP - C203 中，$lga = 11.533$ 的 $S - N$ E 自由腐蚀曲线的年损伤率为 $D = 0.1$。因此，在评估时，$D \approx 0.9$ 表示可能延长 1 年。

这个例子的一个重要观察是，由于缺乏腐蚀保护而导致的年疲劳损伤增加（从 $D = 0.035$ 到 $D = 0.1$）。

C.2　断裂力学应用于寿命延长的实例

考虑使用了 25 年的半潜式平台已经达到其设计疲劳寿命的情况。操作员决定对结构进行详细检查和评估，以确定延长结构使用寿命的可行性。该结构采用干坞，根据船级社的要求进行全面检查，发现许多缺陷位于多个接头的焊趾处。

通过磁粉探伤（MPI）和超声波测试（UT）进行焊接研磨和进一步检查，以验证缺陷已被去除。研磨指导在 DNVGL - RP - C203 中给出。

对地面接头和具有最低疲劳寿命的接头进行断裂力学评估，以确定半潜式平台是否可能在下一次主要检查之前的五年时间间隔内出现导致结构失效的严重开裂。

每个接头的断裂力学评估包括以下步骤：

1. 初始信息

（1）识别几何参数，包括构件厚度。

（2）根据使用最新气象海洋数据的结构有限元分析，确定最高应力接头位置的热点应力疲劳荷载。

（3）确定与极端风暴（100 年）事件相对应的静载荷。

（4）确定材料的断裂韧性，需要对热影响区（HAZ）和焊缝金属进行裂纹尖端开口位移（CTOD）测试，以获得最小值。

（5）确定所用无损检测方法的最小可检测缺陷尺寸。

2. 局部焊接应力集中系数的评定

断裂力学评价中需要用到总的裂纹张开应力。这是由焊点应力和焊趾处应力集中引起的应力分布的叠加决定的，即缺口应力，如图 C.1 所示。

对于焊接接头，通常使用焊趾处三个应力集中系数（SFC）。SCF 在焊趾附近急剧衰减，但对其范围内的小缺陷有显著影响，并通过增强焊趾处接头的疲劳应力，有助于焊趾处缺陷的萌生和扩展。磨削不仅可以去除可发展为疲劳裂纹的微观缺陷，而且还可以减少裂纹的萌生和扩展，因为焊缝轮廓降低了 SCF。

3. 应力强度因子 K 解

疲劳裂纹扩展评估中用于评估 ΔK 范围的应力强度因子 K 和断裂评估的最大 K 取决于几何结构，并提供了一系列解决方案。特定几何体的 k 解可以通过有限元分析得到。然而，这是一个非常资源密集的过程，对于复杂的几何图形，通常使用从简单几何图形（如

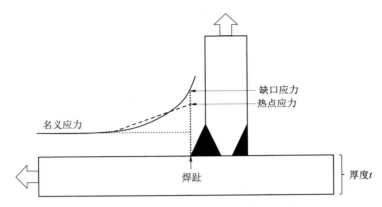

图 C.1 作用在裂纹上的应力分布成分

板和圆柱体）派生的解决方案，并进行适当的修改以表示焊接 SCF。

4. 疲劳裂纹扩展与断裂分析

疲劳裂纹扩展分析可预测已知或假定缺陷扩展到规定或临界尺寸的时间，或可用于确定特定时间段内的裂纹扩展，例如检查间隔，以及在此期间是否预计会出现故障。

断裂力学分析是一个复杂的过程，需要使用一个计算机程序，其中对缺陷评估方法（如 BS，7910）进行编码。它需要仔细选择输入参数。如果评估是基于假设的缺陷尺寸，那么初始缺陷尺寸尤其重要，例如，在未检测到缺陷的焊缝中（如本案例研究中的打磨焊缝），而不是基于已知/测量的缺陷尺寸。

疲劳裂纹扩展计算基于疲劳裂纹扩展定律的整合，在 Paris 定律的情况下，疲劳裂纹扩展定律如下：

$$N = \int_{a_i}^{a_f} \frac{\mathrm{d}a}{C(\Delta K)^m}$$

数值计算需要对裂纹扩展的小增量 Δa，即：

$$N = \int_{a_i}^{a_f} \frac{\mathrm{d}a}{C(\Delta K)^m} = \sum_i^n \Delta N_i = \sum_i^n \frac{\Delta a_i}{C[(\Delta K_I)]^m}$$

当在该情况下

$$\Delta K_I = Y_I (\Delta \delta) \sqrt{\pi a_i}$$

式中：$\Delta \delta$ 为疲劳载荷谱。

增量的数目必须足够大，以实现计算结果的收敛。在裂纹扩展的每个增量处，程序根据失效评估图（FAD）执行断裂检查。这就需要在 K_r 计算中应用合适的 CTOD 值，以及在 L_r 计算中选择合适的塑性倒塌解决方案。

图 C.2 显示了假定初始裂纹尺寸对裂纹扩展的影响。很明显，假定初始裂纹尺寸的微小差异（0.1~1.5mm）会对预测的剩余寿命产生非常显著的影响，这表明了选择初始裂纹尺寸的重要性。

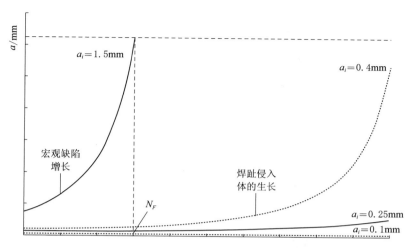

图 C.2 初始裂纹尺寸对剩余寿命预测的影响